建设工程智能化管理

住房和城乡建设部科技与产业化发展中心
（住房和城乡建设部住宅产业化促进中心）
继善（广东）科技有限公司

高　真　主　编
柳博会　曾　龙　刘戴维　李耀民　钱　鑫　副主编

中国建筑工业出版社

图书在版编目（CIP）数据

建设工程智能化管理 / 住房和城乡建设部科技与产
业化发展中心（住房和城乡建设部住宅产业化促进中心），
继善（广东）科技有限公司，高真主编 . —北京：中国
建筑工业出版社，2021.8

ISBN 978-7-112-26212-0

Ⅰ.①建… Ⅱ.①住… ②继… ③高… Ⅲ.①智能化
建筑 – 施工管理 Ⅳ.①TU71

中国版本图书馆 CIP 数据核字（2021）第 108160 号

责任编辑：封　毅　毕凤鸣
责任校对：赵　菲

建设工程智能化管理

住房和城乡建设部科技与产业化发展中心
（住房和城乡建设部住宅产业化促进中心）
继善（广东）科技有限公司
高　真　主　编
柳博会　曾　龙　刘戴维　李耀民　钱　鑫　副主编

*

中国建筑工业出版社出版、发行（北京海淀三里河路 9 号）
各地新华书店、建筑书店经销
北京建筑工业印刷厂制版
北京建筑工业印刷厂印刷

*

开本：787 毫米×1092 毫米　1/16　印张：7¼　字数：124 千字
2021 年 9 月第一版　　2021 年 9 月第一次印刷
定价：36.00 元
ISBN 978-7-112-26212-0
（37799）

《建设工程智能化管理》
主编单位及参编人员

主编单位：住房和城乡建设部科技与产业化发展中心
（住房和城乡建设部住宅产业化促进中心）
继善（广东）科技有限公司

主　　编：高　真
指导主任：曾志锋　徐盛发　杨玉江
副 主 编：柳博会　曾　龙　刘戴维　李耀民　钱　鑫
参编人员：刘斌华　徐红博　李统文　李　沙　王新良
　　　　　黄村夫　胡云辉　魏东泉　张晓英　等
主　　审：李伟民　何　山　刘春林　杨昌鸣　蔡玉春
　　　　　鲁锦成

　　建筑产业是我国国民经济的重要支柱产业，其规模庞大，涉及行业繁多。建设工程具有规模大、作业人员多、材料设备种类繁多、环境比较复杂、管理强度较大、质量与安全隐患风险高等特点，是国家安全生产监管工作的重点领域。

　　2017年，国务院印发《关于促进建筑业持续健康发展的意见》（国办发〔2017〕19号），要求加强工程质量安全管理，严格落实工程质量责任、加强安全生产管理、全面提高监管水平；住房和城乡建设主管部门发布了《住房城乡建设等部门关于印发贯彻落实促进建筑业持续健康发展意见重点任务分工方案的通知》，并相继发起"安全生产月""住房和城乡建设领域安全生产隐患大排查"等活动，力求解决建筑施工行业安全质量管控难题，落实参建单位企业主体责任，规避质量或安全事故。此外，随着建筑行业"放管服"工作的扎实推进，基于信息共享的高效的建设工程智能化管理被提上日程。再者，随着建筑行业建筑师负责制的不断推行，对于整个建设过程全过程以及建筑全生命周期的高质量智能化管理显得尤为重要。

　　但是，我国目前已有的关于建设工程的智能化管理平台，如"智慧工地"系统，相对集中在工地施工现场部分，而且管理重点主要是安全事故的规避，与当前"放管服"和"建筑师负责制"大背景下，建筑全生命周期的高质量智能化建设管理目标还有一定的差距。研究和建立基于建筑全生命周期的高质量智能化建设管理系统，包括技术体系、管理机制和法律法规体系，显得尤为必要。

本书的建设工程智能化管理，是指建设工程全过程、全生命周期的智能化管理，区别于单纯的智慧工地的概念。本书针对我国目前建设工程存在的智能化管理系统缺失、智能化管理系统功能不够健全的问题，以及智能化管理系统相关数据标准不统一和数据融合困难的问题，深入全面分析我国建设工程智能化管理需求，研究基于建筑全生命周期的高质量建设工程智能化管理的相关技术体系、管理机制和法律法规体系，并通过开展项目试点等措施，全面提升我国建设工程的智能化管理水平。

第四章

建设工程智能化管理技术体系研究

第五章

建设工程智能化管理机制研究

第六章

法律法规体系建设

第一章　内容概述

第一节　研究目标

本书研究的具体目标包括建设工程智能化管理的技术体系建设、建设工程智能化管理的管理机制建设和建设工程智能化管理的法律法规体系建设三个方面，具体如下：

一、建设工程智能化管理的技术体系建设

研究项目智能化管理的总体需求，破除信息"孤岛"现象与信息安全难题，建立智慧城市框架下的建设工程智能化管理的技术体系。

二、建设工程智能化管理的管理机制建设

研究项目全过程中各项管理需求，创新和改革建筑行业监管机制，研究制定配套管理的办法与细则，解决影响行业健康可持续发展的深层次矛盾和问题，建立信息实时共享的建设工程智能化管理的管理机制。

三、建设工程智能化管理的法律法规体系建设

研究和分析项目智能化管理中相关法律问题，通过明确相关权利利益和责罚措施，并修订和制订相关法律条文，建立完善的建设工程智能化管理的法律法规体系。

第二节 研究意义

一、提升我国建设项目的安全生产水平

建设工程数量巨大，专业众多，危险源密集，风险情形动态变化速度快，传统管理方法已经无法满足国家、社会、行业、从业人员的全面安全管理需求，本书的研究可以从管理和技术两个层面预测和避免安全事故的发生，从而提升我国建设工程的安全生产水平。

二、提升我国建设项目的智能化管理水平

现有智慧工地管理平台数据标准内容有一定局限性，缺乏智能监控监测预警设备的数据标准、数据接入标准等内容，可操作性等方面需要进一步完善，本书的研究从技术层面解决这些难点问题，提升我国建设项目的智能化管理水平。

三、促进我国建筑产业持续健康发展

开展建设工程智能化管理的管理机制研究，可以创新信息化技术体系下建筑全生命周期的监管机制，在可控成本范围内实现对参建单位的量化、精细化管理，建立基于数据基础的综合评价体系，从而提高项目安全管理水平，实现项目建设方、监管方和主管方等相关各方的提质增效，从而促进我国建筑产业的持续健康发展。

第三节 重点内容

本书在我国现有建设工程智能化管理现状，以及我国建设工程智能化管理相关的国家法律法规、地方法规及规章制度，以及我国已有的智慧工地等智能化管理相关系统平台的基础上，以我国建筑行业智能化管理体系为重点，坚持从实际出发和问题导向的方法，探索我国建设工程全生命周期高质量智能化管理所涉及的技术问题、体制问题和法律法规问题，总结和研判我国建设工程智能化管理现状和发展趋势，深入全面分析我国建设工程智能化管理需求，研究我国建设工程智能化管理的相关技术体系、管理体制和法律法规体系，并提出

建设工程智能化管理

相关政策建议，从而促进我国建设工程智能化管理的科学化、标准化、制度化和法制化。

一、我国建设工程智能化管理需求分析

总结现阶段主流的建设工程智能化管理需求，具体包括：人员管理、工程质量管理、安全管理、施工技术管理、物资管理、环境管理、施工能耗管理、机械设备管理、施工进度管理和施工合同管理等，并总结建设工程智能化管理对制度及法规的需求。

二、我国建设工程智能化管理的技术体系研究

针对建设工程智能化管理的总体目标，全面分析参建单位管理端、施工现场、政府监管端、行业管理端等项目相关各方需求，进行建设工程智能化管理技术体系规划，以满足住房和城乡建设部全国业务一张图的业务需求，满足各级住房和城乡建设部门审批业务、监管业务需求，满足设计单位、建设单位、施工单位和监理单位等参建单位管理业务需求，满足建设工程项目现场管理业务需求；进而进行建设工程智能化管理技术体系设计，包括建设工程智能化管理技术体系总体框架设计、施工现场的项目管理平台功能设计、质安监站质量安全监管端平台功能设计和主管部门业务平台功能设计等；重点研究包括主体责任督促落实技术、质量安全风险智能评估技术和多平台数据共享技术在内的建设工程智能化管理技术体系的关键技术；并根据现代建筑施工的特点，重点研究装饰装修工程的智能化管理系统应用等。建立包括主体责任、岗位责任、技术架构、功能架构、数据接口、数据字段、BIM模型交付等标准在内的，涵盖建筑全生命周期的现代化建设工程智能化管理的技术体系，为项目相关各方提质增效提供参考意见。

三、我国建设工程智能化管理的管理机制研究

基于质检站、安监站、监督执法部门、主管部门、政府监管平台、项目建设方等相关管理需求，全面研究包括质监站监管责任量化标准、安监站监管责任量化标准、质量安全监督执法裁量权标准、主管部门监管责任量化标准和建筑施工项目政府监管平台功能架构标准在内的相关管理需求，研究和完善我国建设工程智能化管理的管理机制。具体包括：建设工程规划许可智能化管理机

制、建设工程招投标智能化管理机制、建设工程造价智能化管理机制、建设工程施工图审查智能化管理机制、建设工程质量智能化管理机制、建设工程智能化安全管理机制、建设工程智能化维护机制等。

四、我国建设工程智能化管理的法律法规体系研究

为解决建筑行业参建单位之间经济利益、法定责任不对等的矛盾和问题，特开展我国建设工程智能化管理的法律法规体系研究。具体包括：立法依据、基本原则、法律体系、法律责任和法律监督等。研究和明确项目相关各方的权责事项，并对现有相关法律法规提出修订建议，在有必要的情况下，提出新增法律法规的制订建议。力求建立完善的法律法规体系，促进建筑行业安全、健康、可持续发展。

第二章　我国建设工程智能化管理现状及发展趋势

第一节　建设工程智能化发展的现状

随着科学技术发展以及信息技术应用的逐步深入，智能化建筑逐步成为建设工程的重要发展方向和研究热点之一。国务院2017年7月印发的《新一代人工智能发展规划》(国发〔2017〕35号)提出，到2020年，我国人工智能产业成为新的重要经济增长点，人工智能技术应用成为改善民生的新途径；到2025年，人工智能成为我国产业升级和经济转型的主要动力。近年来，随着信息技术的快速发展，特别是建筑行业与互联网的加速融合，我国建筑施工行业信息化建设不断深入并趋向具体工程项目的应用。施工现场作为工程项目成功交付的重要环节，迫切需要以先进技术变革传统粗放的建造方式，实现数字化、精细化、智慧化管理，推动建设工程智能化管理在我国的发展。

建筑的智能化发展包括建筑物在使用过程中的信息技术应用，也包括建设工程阶段的智能化技术应用及管理。一方面，建筑物的终端智能化与建筑物使用者的日常息息相关，技术更新速度快，智能建筑部品得到了长足的发展；另一方面，建设工程施工阶段的智能化水平由甲方和施工方推动，与建筑后期使用场景脱节，其技术水平和管理水平与智能化建筑的要求尚有一定差距。

一、行业现状

根据《国务院办公厅关于促进建筑业持续健康发展的意见》《住房和城乡建设部关于印发2016—2020年建筑业信息化纲要》和各地信息化发展"十三五"规划，结合地方建设特点及近年来国内外智慧工地建设方面的相关经验，各地政府纷纷出台了当地的建设工程智能化管理发展方案，强制或非强制地要求加强建设工程智能化管理和"智慧工地"的建设。

以重庆地区为例，2018年重庆主城区符合条件的、建筑面积2万平方米以上的房屋建设工程，以及造价2000万元以上的市政基础设施工程，必须打造为智能化管理的"智慧工地"。其他重庆各区县也应分别打造至少2个"智慧工地"，确保2018年全市打造的"智慧工地"数目不少于600个。从2018年起重庆市各项目在申请施工许可证时，如果施工设计方案中达不到《"智慧工地"建设技术标准》，将不予发放施工许可证。

在《关于印发"智慧工地"建设工作方案的通知》（渝建〔2017〕414号）等文件的基础上，2018年8月，重庆市城乡建设委员会印发了我国第一个"智慧工地"建设技术标准——《2018年"智慧工地"建设技术标准》，建设内容主要包括：人员实名制管理、视频监控、扬尘噪声监测、施工升降机安全监控、塔式起重机安全监控、工程监理报告、工程质量验收管理、建材质量监管、工程质量检测监管、BIM施工、工资专用账户管理等11项"智能化应用"。

2019年3月，河北省住房和城乡建设厅发布了《智慧工地建设技术标准（征求意见稿）》。该标准首先对智慧工地管理系统作出概念定义："综合运用物联网、云计算、移动互联网、BIM等技术手段，对人员、安全、质量、生产、环境等要素在施工过程中产生的数据进行全面采集，并实现数据的共享和协同运作，最终实现互联协同、全面感知、辅助决策、智能生产、科学管理等功能的信息化系统。"系统架构见图2.1.1。

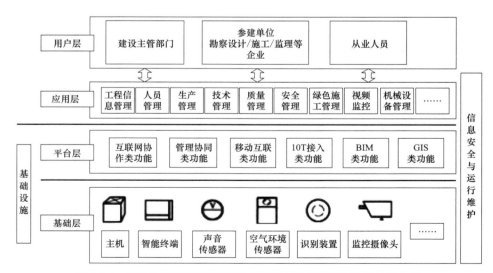

图2.1.1 河北省《智慧工地建设技术标准（征求意见稿）》系统架构图

该标准普遍要求实现与 BIM 的关联功能，如图纸深化优化管理、技术核定管理、技术开发管理、技术交底管理、变更管理、检验检测管理、检查管理、质量、档案资料等方面，均要求建立与 BIM 的关联功能；基坑安全方面，深基坑工程监测要求关联基坑 BIM 模型功能、实现监测动态可视化。

2019 年 11 月，宁夏回族自治区住房和城乡建设厅发布了智慧工地建设技术标准制订项目的公开招标公告。北京在 2019 年出台地方标准《智慧工地技术规程》。四川出台《四川省加快推进新型基础设施建设行动方案（2020—2022 年）》，重庆市印发《重庆市 2020 年"智慧工地"建设工作方案》。江苏南京、山东龙口等地"智慧工地"项目集中建设，各地建设工程智能化管理的工作正在持续深入展开，建设工程智能化发展的技术标准在全国即将进入快速发展阶段，形成与之相配套的长效发展机制迫在眉睫。

二、存在问题

我国各地区大多已开展智能化建筑领域的相关工作，然而其建设管理的现状却不容乐观，面临着以下情况和问题：

首先，我国施工管理与各地政策和法律法规的执行紧密关联，由于我国法律法规和政策没有及时与智能化建筑的需求紧密跟进，导致建设工程智能化管理未能达到较高水平。目前智能化建筑以及智能化施工技术中的核心部分须从国外引进，技术应用的落地生根离不开紧随其后的政策法规支持。

其次，由于建设工程的智能化管理属于多行业技术的整合与应用，因此，项目工程对集成商的技术理念和施工经验都有很高的要求。但是纵观我国当前的智能建筑技术集成商，整体素质良莠不齐，对我国智能化建筑的发展造成了掣肘。我国当前从事智能化建筑的公司有数千家之多，然而在实际工程建设管理领域尚未形成相应的技术水平，因此，集成商的综合实力也影响了智能化建筑的行业发展。

最后，智能化建筑的施工对于现场的调度和管理也是一个挑战，由于我国不少管理部门对建设工程智能化管理的特点和规律尚不熟悉，因此在管理效率和效果上均不尽如人意。在不少智能化建筑的工程项目中，由于工程在实施过程中的管理失误而导致建筑质量、工期受到影响，难以达到建设工程智能化管理统筹高效的预期。

第二节　建设工程智能化的发展趋势

一、智能化建筑相关的政策规范进一步健全

当前，我国的智能化建筑技术及管理尚处于起步阶段，因此，行业内的政策和规范无法跟上其发展的步伐。未来工程智能化管理会在充分调研市场的基础上，着力进行智能化建筑相关政策及规范的健全，使该行业健康顺利地发展壮大。

首先，政府应该牵头进行智能化建筑的技术分析与调查。通过组织高等院校与科研院所的技术专家以及智能化建筑业界的行业人才，进行详细的科学调研，能够为政策的制定提供客观翔实的基础。

其次，在积累了充足的行业技术与管理现状之后，则应加大力气抓紧完善智能化建筑的政策和规范。亟待完善的规范和标准包括：智能建筑涉及的系统硬件设备、保证智能建筑内所有设备的参数指标和测试验收标准、系统设备的功能。在评估智能建筑系统功能与性能时，一方面要定性测量评估，另一方面也要定量评估。目前的行业技术要求中，定量的限制仍然不足，逐步完善系统的智能化管理类别将成为智能化管理领域的发展趋势。

二、智能建筑系统集成团队的专业素养继续提升

智能建筑是一个整体化的产品，因此，系统集成团队的专业素养对于建筑功能的实现具有至关重要的意义。一项完整的智能建筑项目，系统集成团队的主要工作涵盖了许多方面，包括系统智能化需求分析、系统智能实现策略的设计、系统硬件软件的参数计算以及匹配等。因此，系统集成团队的专业素养将在未来发展中得到进一步的提升。集成团队的专业素质关系到智能建筑施工的最终质量以及用户满意度。这样的发展趋势将主要体现在以下几个方面。

1.智能化管理技术集成商人才的专业深度与广度不断增强

智能化管理技术集成商专业人员必须从业主的使用感受出发，将业主的实际需求以技术参数和设备选型的方式整理出来并最终转化为施工方案。当前，复合型的人才在智能建筑领域依旧稀缺，需要一些既熟知技术，又深谙市场需求的人才。因此，在深度上专业、在广度上整合相关领域的人才专业化和复合化工作将不断深入，将比目前达到更高的水平。

2.吸引人才、留住人才的激励机制更加完善合理

目前，针对智能化工程建设和管理的人才制度尚属欠缺，吸引人才、留住人才则需要长期稳定的激励机制和人事管理制度。如果智能化管理集成的技术人员流动性维持高位，将造成人才队伍专业化发展和工程管理质量的断层，影响工程质量的目标。

3.重视技术成果的转化和重复利用，积累经验，提高施工者的竞争力

对于已经形成的系统化施工方案和技术策略，未来将以标准化的文档和制度保存起来。通过转化和调整，用于其他相似的工程建设中，从而形成建设方独特的优势，从而在建设工程智能化管理方面也出现与开发商系列产品标准化管理相应的智能化工程管理体系。

三、监理制度不断加强以保证施工质量

不容忽视的是，当前我国的智能化建筑市场由于专业知识和管理方法的不足，导致效率低下，一些业主由此蒙受了损失。通过加强监理来保证智能化建筑施工的质量是当务之急。当前在智能化建筑的监理方面，有一些亟待解决的问题。由于涉及专业较广，不少监理工程师难以承担监理任务。例如，一名合格的专业建筑监理，在涉及智能弱电、信息技术与网络技术的设备时往往束手无策。而智能建筑的监理包含了传统建筑所不存在的许多方面，如电子传感、信息网络部件、各种线缆、弱电设备以及管理信息系统等，均需要监理工程师对其进行量化的测试验收与评估，这对监理人员的技术广度提出了更高的要求。此外，部分监理工程师往往由于经验的匮乏，不能具备充分协调统筹各个专业之间的工作经验，这同样影响到智能建筑施工的质量保障。

在这样的背景之下，未来将逐步转向由专业监理队伍来进行建设工程智能化的施工监理模式。这种模式的优势在于，首先能够对工程建设方有一个合理的监督与约束，对其技术方案和设备选型等均能进行评估和干预，这可以保证智能建筑的最终质量；其次，能够从过程项目业主的角度出发，对建设方所采用的方案的合理性进行客观评价，降低业主的风险。

四、建设工程智能化施工管理的规范化

智能建筑涉及先进的技术设备和复杂的管理模式，只有严格依照技术与管理标准进行施工，才能实现目标，运用"控制＋管理＋监理＋协调"的综合化

模式进行施工管理的规范化。这里的"控制"涵盖了建筑施工的质量控制、智能化建筑项目的投资控制以及具体施工周期中的工程进度控制；而所谓的"管理"，则一方面包括对施工合同进行严格的管理，另一方面是对工程建设过程中的各类信息与数据进行管理；"监理"则指的是以事前、事中、事后的建设工程全生命周期模式对工程进行全面的监理；而"协调"则是说，应结合行业规范和合同条文，实现施工进程中的各方协调。

第三节　章节小结

当前，城镇化发展方兴未艾，许多地区正在加快建设项目的进度，加大建设工程的规模。而在这其中，智慧工地、智能化建筑的建设同样处于井喷时期。在智能化发展对建设工程推进助力的同时，也出现了相应的诸多问题和矛盾。一是智能建筑的建设规模空前庞大，二是智能建筑工程建设施工管理的复杂程度空前的高。与之对应的现实情况却是，由于技术与管理发展没能跟上智能建筑需求的步伐，导致市场的完善程度远远低于预期。而市场主体由于缺乏必要的监管，导致工程质量参差不齐。应该正视的事实是，与欧美等一些建筑管理水平相对发达的国家和地区相比，我国建筑智能化尚处于发展的初级阶段，无论在技术的实现上还是施工的管理上都有很长的路要走。

建设工程智能化管理在这样的背景下整合建设工程全寿命周期的信息化管理，从传统的智慧工地进行深度和广度的提升，把着眼点从数据与数据的整合调整为数据与"人"的整合，数据与"物料"的整合，从而实现政策法规的不断发展、服务集成团队及人员素质的进一步提升，智能化管理监理制度的不断发展。智能化管理的制度化和标准化，体现出让现场人员工作智能化，让项目管理精益化，让项目参建各方协作化，让建筑产业链扁平化，让行业监管与服务高效化，让建筑业发展现代化的行业趋势，配合建筑产业大环境，将成为建筑施工行业转型升级的关键支撑。

基于这样的行业背景和发展趋势，本书展开了对建设工程智能化领域的技术、管理机制、法律法规建设的进一步探讨，对于研究和阐述智能化建筑的施工管理弊端以及解决方法具有十分现实的意义。

第三章　我国建设工程智能化管理需求分析

随着信息化技术的发展，网络基础设施的完善，物联网技术应用越来越普遍，我国建设工程项目的实施中，越来越多的企业或者机构通过信息化、物联网等技术手段对建设工程进行智能化管理。

研究人员考察调研了大量的建设工程智能化管理的工程项目，在数据的采集、传输、存储、统计和分析的过程中，各个工作岗位人员的工作内容及需求迥异。参与建设工程智能化管理的单位不同，其主要需求也有很大不同。

由于我国技术发展与制度建设的不同步，建设工程智能化管理工作也存在很多问题，如：

（1）信息孤岛；

（2）重复建设；

（3）系统内部硬件数据交互标准缺失；

（4）电子文件的有效性认定困难；

（5）跨省跨地区的数据交互标准缺失。

本书把现阶段主流的智能化管理需求按照功能模块和参建单位进行了汇总，综合整理了监管部门的主要需求，总结了建设工程智能化管理对制度及法规的需求。

第一节　人员管理

住房和城乡建设部《建筑工人实名制管理办法（试行）》中明确提出对建筑工人进行实名制登记和管理。各个单位在管理工作中存在以下几点需求：

一、建设单位

为建筑企业实行建筑工人实名制管理创造条件，按照工程进度将建筑工人工资按时足额付至建筑企业在银行开设的工资专用账户。

二、施工企业

（1）应登记工人的基本身份信息（身份证信息、文化程度、工种、技能等级等信息），从业信息（合同、岗位、培训、考勤、薪资等信息），诚信信息（诚信评价、举报投诉、良好及不良好行为等信息）等内容，同时施工企业也需要了解工人的历史从业信息及诚信信息。

（2）施工企业应通过信息化手段将相关数据实时、准确、完整地上传至相关部门的建筑工人实名制管理平台。

（3）建筑企业应配备实现建筑工人实名制管理所必需的硬件设施设备，施工现场原则上实施封闭式管理，设立进出场门禁系统，采用人脸、指纹、虹膜等生物识别技术进行电子打卡；不具备封闭式管理条件的工程项目，应采用移动定位、电子围栏等技术实施考勤管理。相关电子考勤和图像、影像等电子档案保存期限不少于2年。

（4）建筑企业应与招用的建筑工人依法签订劳动合同，对其进行基本安全培训，并在相关建筑工人实名制管理平台上登记，方可允许其进入施工现场从事与建筑作业相关的活动。

（5）建筑企业应依法按劳动合同约定，通过农民工工资专用账户按月足额将工资直接发放给建筑工人，并按规定在施工现场显著位置设置"建筑工人维权告示牌"，公开相关信息。

三、建筑工人

建筑工人应配合有关部门和所在建筑企业的实名制管理工作，进场作业前须依法签订劳动合同并接受基本安全培训。

第二节　工程质量管理

一、建设单位、监理单位和施工单位

（1）编辑、审核、审批、查阅质量方案；

（2）记录、核查人员资质，记录并评价人员行为，建立人员诚信档案；

（3）记录、审核、审批、查阅设计变更文件；

（4）导入检测试验数据，对其进行结构化数据分析；

（5）线上编辑、流转、审核、审批工程验收文件；

（6）建设工程资料的编制、审核、审批、签章、组卷、归档、著录、校验及结构化数据的利用。

二、建筑工人

（1）查阅构件基本信息；

（2）查阅验收标准；

（3）查阅构件历史信息；

（4）查阅设计文件。

第三节　安全管理

一、建设单位、监理单位、施工单位

（1）编辑、审核、审批、查阅安全方案管理，并形成汇总表；

（2）记录、核查人员资质和从业资格，记录并评价人员行为，建立人员安全行为档案；

（3）编辑、审核、审批、论证、查阅危险性较大的分部分项工程施工方案、应急预案，记录应急事故处理信息，实时监控危险性较大的分部分项工程进度；

（4）排查安全隐患，辨识安全生产风险，对安全隐患进行评定评级，建立安全隐患台账，对安全生产风险进行预警；

（5）对生产环境进行监控，包括有害气体监控、高温监控、水质监控、固

体废弃物监控、基坑边坡变形监控；

（6）建设工程安全资料的编制、审核、审批、签章、组卷、归档、著录、校验及结构化数据的利用；

（7）对工人进行安全交底及安全教育。

二、建筑工人

（1）接受培训及交底主要包括书面交底、视频交底、VR交底及广播交底等；

（2）接受企业管理主要包括培训成绩评估，安全施工行为记录及追溯，奖惩记录，职业风险评估等。

第四节　施工技术管理

一、建设单位、监理单位、施工单位

（1）分类存储法律、法规、标准等文件书籍，查阅、搜索、利用法律、法规和标准等文件信息；

（2）编辑、审核、审批、查阅施工组织设计和施工方案、施工工艺等技术文件；

（3）编辑、审核、审批、查阅图纸深化设计文件；

（4）技术交底。

二、建筑工人

（1）接受培训及交底主要包括书面交底、视频交底、VR交底及广播交底等；

（2）查阅深化设计图纸；

（3）查阅法律、法规、标准；

（4）查阅施工组织设计、施工方案、施工工艺。

第五节　物资管理

一、建设单位、监理单位、施工单位

（1）出厂合格证明、出厂性能检测报告、CCC认证、型式检验报告、商检证明等文件管理；

（2）原材料、构配件及设备的名称品类、规格、数量，进场验收情况等信息的录入、采集、查询、统计、分析等；

（3）原材料、构配件及设备的检测试验参数，检测结论等信息的采集、查询、统计、分析等；

（4）物资采购供应商的资质、资格、评级、规模等信息录入及管理；

（5）地磅系统，视频计数系统的数据信息接入；

（6）原材料、构配件及设备的领用出库管理；

（7）原材料、构配件及设备的物资划拨管理；

（8）原材料、构配件及设备的定位追踪管理；

（9）物资库存盘点及预报警管理；

（10）废料计量分析管理。

二、建筑工人

（1）库存物资盘点及预报警管理；
（2）物料使用追踪管理。

第六节　环境管理

一、建设单位、监理单位、施工单位

（1）PM 10、PM 2.5等扬尘指标的实时检测，扬尘超标的预报警管理；

（2）降尘方案的编制、审核、审批工作，降尘设备的远程控制及自动控制管理；

（3）噪声指标的实时监测，噪声超标的预报警管理；

（4）降噪方案的编制、审核、审批工作；

（5）温度、湿度等环境指标的实时监测，温湿度超标的预报警管理；

（6）风速指标的实时监测，风速超标的预报警管理；

（7）固体废弃物的场内消纳管理，出场重量管理，出场消纳管理。

二、建筑工人

（1）职业健康警示教育；

（2）环境保护措施教育。

第七节　施工能耗管理

一、建设单位、监理单位、施工单位

（1）分区耗电管理、分时耗电管理、电源质量管理、总耗电量管理、电路故障管理、预报警管理、自动控制管理；

（2）分区用水管理、分时用水管理、分质用水管理、用水量管理、水源质量管理、管线故障管理、预报警管理、自动控制管理；

（3）分时燃油消耗管理、总燃油消耗量管理。

二、建筑工人

（1）节能教育；

（2）环境保护措施教育。

第八节　机械设备管理

一、建设单位、监理单位、施工单位

（1）机械设备编码管理、电子标签管理、台账管理；

（2）重点机械设备定位及轨迹管理；

（3）重点机械设备安装、拆除实施单位的资质管理，人员资格管理；

（4）重点机械设备安装、拆除方案的编制、审核、审批、查阅；

（5）机械设备维护保养人员登记；

（6）保养计划的编制、审核、审批；

（7）保养过程中的巡检记录；

（8）保养项目及设备状态记录；

（9）保养的周期预警及报警；

（10）重点机械设备运行状态监控：

① 塔式起重机操作人员管理、运行状态监控、运行风险预报警；

② 升降机操作人员管理、运行状态监控、运行风险预报警。

（11）重点机械设备预报警台账管理及数据分析。

二、建筑工人

（1）安全警示教育；

（2）职业培训。

第九节　施工进度管理

一、建设单位、监理单位、施工单位

（1）工程进度计划的编辑、审核、审批、查阅等；

（2）工程形象进度实时监控；

（3）工程进度计划实施及纠偏管理、工程进度计划报表及统计管理；

（4）工效分析。

二、建筑工人

（1）工程量管理；

（2）工作效率分析。

第十节　施工合同管理

一、建设单位、监理单位、施工单位

（1）合作单位资质管理；

（2）合作单位评价管理；

（3）合作单位合同管理；

（4）员工合同管理；

（5）资金管理。

二、建筑工人

（1）合同管理；

（2）单位评价管理。

第十一节　监管部门的管理需求

一、人员管理

（1）建立完善实名制管理平台，采集工人实名制信息；

（2）记录企业用工考勤数据；

（3）建立工人的职业评价体系；

（4）建立工程的诚信管理平台，记录奖惩信息；

（5）采集工人的合同信息，监督工人工资的发放情况。

二、质量管理

（1）质量方案管理；

（2）从业人员资格管理；

（3）设计文件变更管理；

（4）检测试验管理；

（5）质量验收管理（关键节点验收：验槽、地基与基础验收、主体结构验收、节能验收、人防验收、单位工程竣工验收等）；

（6）质量资料管理（过程检查、组卷、归档、著录等）。

三、安全管理

（1）从业人员资质管理；

（2）从业人员安全行为管理；

（3）安全方案管理；

（4）危险性较大的分部分项工程信息统计与利用；

（5）安全生产风险监控；

（6）生产环境安全监控；

（7）安全资料管理。

四、施工技术管理

（1）法律、法规、标准的配备管理；

（2）施工组织设计、施工方案、施工工艺管理；

（3）图纸深化设计管理；

（4）技术交底管理。

五、物资管理

（1）物资进场质量证明文件管理；

（2）检测报告管理；

（3）物资进场动态管理。

六、环境管理

（1）扬尘监测管理（PM 10、PM 2.5）；

（2）噪声监测管理；

（3）温度管理；

（4）风速管理；

（5）湿度管理；

（6）固体废弃物管理。

七、施工能耗管理

（1）耗电管理；

（2）用水管理；

（3）排污管理；

（4）燃油消耗管理。

八、机械设备管理

（1）机械设备基本信息管理；

（2）重点机械设备定位及轨迹管理；

（3）重点机械设备安装、拆除监控管理；

（4）重点机械设备运行状态信息管理；

（5）重点机械设备预报警管理。

九、施工进度管理

（1）工程形象进度实时管理；

（2）工程进度计划管理。

十、施工合同管理

（1）合同备案、登记；

（2）合同管理。

第十二节　建设工程智能化管理对法律制度的需求

（一）现阶段我国在建设工程实施阶段参与管理的部门多，分工细，且管理机构之间不能进行数据共享，就会导致信息孤岛和重复工作。比如工人进场时施工单位需要向当地派出所提供工人的实名制信息，还需要向计生、劳动监察等相关部门提供工人的实名制信息，且每个部门除需要提供身份证以外还需要额外填制不同格式的报表，导致施工单位的工作重复性较高，效率较低。

（二）建设工程的归口管理部门数据沟通不畅导致现场进行重复建设，比如安监部门发文要求在现场要安装摄像头监控现场安全生产情况，环保部门发文要求在现场安装摄像头监控现场扬尘情况，施工单位需要安装摄像头监控现场的动态情况。这三套体系是可以一次建设、数据共享的，但是实际情况是各单位独立，各成一个体系。

（三）监管平台的数据垄断导致智能化管理服务商的不正当竞争。比如有些地区的安监管理平台由一个软件服务商负责研发，然后这个地区的所有需要接入安监管理平台的设备都需要采购当前软件服务商指定或者自己生产的产品，否则无法进行数据接入。

（四）硬件设备的通信协议不统一导致不同厂家的相同类型和功能的产品无法协同工作。比如现阶段北京城建管理部门在与多家视频监控生产厂家沟通数据互通的问题，阻力就比较大。

（五）2019年4月23日实施的《中华人民共和国电子签名法（2019修正）》第三条规定民事活动中的合同或者其他文件、单证等文书，当事人可以约定使用或者不使用电子签名、数据电文。当事人约定使用电子签名、数据电文的文书，不得仅因为其采用电子签名、数据电文的形式而否定其法律效力。

2021年1月1日实施的《中华人民共和国档案法》第三十七条规定电子档案应当来源可靠、程序规范、要素合规。电子档案与传统载体档案具有同等效力，可以以电子形式作为凭证使用。

建设工程采用信息化手段进行智能化管理必然会生成大量的电子文件。电子文件的有效性认定现阶段一般采用电子签章来确定。国家在法律层面认可了加盖电子印章的电子文件的有效性。但是建筑领域没有相关的实施细则，导致出现了以下问题：

（1）各个地区电子印章规定不一，无法进行有效互认，建筑企业每进入一个区域市场，均需要出资办理一套或者多套电子印章。

（2）一个区域内的不同机构对电子签章的要求也不一致，无法进行有效互认，建筑企业每到一个机构可能都需要办理一套电子印章。如企业在进行招标投标时需要办理电子印章，在办理政务业务时需要办理一套电子印章，在编制工程资料时还需要再办理一套电子印章。

（3）政府监管机构，档案管理机构不具备接收电子文件的能力。比如：企业虽然对项目采用信息化手段进行智能化管理形成了加盖电子印章的有效电子文件，但是质量安全监督机构在监督检查时仍然只认可纸质版的手工签字、签章的文件，导致参建单位需要重复打印和签字（章）工作。同样，城建档案管理机构在接收城建档案时，由于不具备接收单套制电子文件的条件，要求参建单位将电子文件进行打印，再人工签字盖章确认进行信用背书工作。

基于以上三点，不建立电子文件的认可和接收机制，建设工程智能化管理工作产生的数据、形成的文件的有效性和合法性不被监管方和城建档案管理机构认可，其工作会一直游离在项目管理工作之外，参建单位还是要重复按照传统管理模式形成纸质文件，进行检查和验收工作。

（六）参建单位一般都是全国经营，一个施工单位会在全国各地经营施工项目，各地对智能化管理的要求不一，标准不一，导致施工单位建立全国通用的公司级智能化管理平台会遇到很多制度性问题，很多智能化管理平台仅能在项目中应用，无法对公司进行数据对接。

第四章　建设工程智能化管理技术体系研究

第一节　建设工程智能化管理技术体系规划

建筑业是我国支柱产业，对于稳增长、保民生、促发展有重大现实意义。建设工程是指各种建筑物的建造工程，包括建筑工作量和实体建筑物。建设工程是建筑业的核心内容，建设工程的管理水平和施工工艺水平是建筑业的核心竞争力，决定我国建筑业能否健康持续发展、能否走向世界。

建筑业同时也是高危行业之一，长期以来工程建设实施阶段存在安全事故多发、质量纠纷频现、环境污染严重、劳务纠纷严重、施工过程失控等严重隐患。建设工程管理机制创新已经到了刻不容缓的时刻。

本书研究旨在提高建设工程管理水平，通过研究建筑业管理的体制、机制，研究建筑企业管理和项目现场管理的业务需求和客观规律，汇聚建筑业管理工作长期以来凝结的智慧和经验，集成最新传感器技术和网络传输技术，利用云计算、大数据、BIM等新一代信息技术，形成一个涵盖全行业链业务需求的新型管理机制，降低管理成本，降低风险水平与事故损失，同时实现精细化的现场管理，降低材料、机械台班损耗与能源资源浪费，解决建筑业落后的传统管理与新时代建筑业发展需求之间的矛盾。

一、建设工程智能化管理的起源和定义

我国的建设工程智能化管理相对落后，工程建设实施阶段的建设工程智能化管理研究工作刚刚开始兴起。自20世纪90年代开始的建筑智能化主要关注弱电智能化工程，具体内容为弱电设备和系统集成。近年来随着社会对建筑质量和建筑安全的关注度不断提高，不少机构、企业开始关注工程建设实施阶段

的智能化管理，提出了一些研究方案与解决方案，解决了一些局部问题，推动了工程建设实施阶段建设工程智能化管理的研究进程。

关于工程建设实施阶段建设工程智能化管理的定义，我们可以理解为：在工程建设实施阶段，为保障建筑业持续健康发展，降低建筑成本和能耗，减少安全生产事故，提高建筑质量和投资效益，采用新一代信息技术对建设工程各参建方提供管理决策，支持服务与人工智能决策服务，这是一种全新的管理机制。

建设工程智能化管理体系的生命力体现在项目现场的管理能力（即产业融合深度）和数据采集能力，以及数据分析和决策支持能力，有的称之为"智慧工地"。

二、建设工程智能化管理技术体系规划的必要性

"智慧工地"涵盖建设工程各参与方的主要业务需求，实现管理数据的互通共享与交叉验证，这是建设工程智能化管理规划的基础。

在我国现有建筑业管理体制下，为了顺利实现"智慧工地"的管理目标，必须进行自上而下的顶层规划。

（一）实现信息技术与建筑业的深度融合

信息技术与建筑业深度融合的目的是为了提升建筑业的生产力水平和国际竞争力。建筑业的业务需求包括政府部门的各类审批管理和过程监管服务，以及参建单位的投资、成本、合同、进度、优选承包单位和岗位人员、工程款支付、质量安全等业务需求，每一项业务需求都需要信息技术的助力。

建设工程智能化管理体系不是传感器的简单集成应用，而是建筑业业务需求与信息化技术的全面融合。不仅需要达到落实政府部门的监管职责与参建单位主体责任的责任落实督促要求，而且必须满足降低管理成本与材料能源消耗，提高管理成效的行业生产力提升要求。

（二）确保建筑业管理信息的无障碍流通

数据垄断与数据"孤岛"是信息化管理的天敌，没有顶层规划的信息化管理机制必然无法大幅度提升管理成效。我国的信息化经验教训很多，一方面给局部工作带来了极大便利，同时也给整体工作带来了更多断点和更高的使用成本，但只要是没有科学顶层规划设计的信息化管理系统，必然失去生命力。初步统计数据显示，各地建筑行业已有的信息化管理系统中，60%甚至80%以上都成了"僵尸"系统。

（三）实现传统封闭工地的穿透式可视化管理

传统工地管理由于规模大、工期紧、工序复杂、参建主体多、材料设备种类繁多、环境复杂、管理条线及强度大、质量与安全隐患大等特点，导致大量管理信息在众多节点上流通缓慢，勉强满足工地现场管理需求，无法满足政府部门、参建单位的实时监管与统计分析等业务需求。

（四）避免重复建设浪费国家资源

从全国范围内"智慧工地"建设情况来看，各省市都在重复实施同质项目，甚至各大型国企也在不断投入开展同类项目建设。在业务需求调研、平台开发、技术标准研发等方面不断开展重复建设工作，而且因对业务需求理解不一致、不全面，各地的智慧工地无法兼容，新的数据孤岛不断增加。建设单位与施工单位、监理单位不兼容，区级部门与市级部门不兼容，市级部门与省部级部门不兼容，种种现象不一而足。重复建设工作的投入产出比极低，浪费了大量的国家资源。

三、建设工程智能化管理技术体系规划的目标

为实现智慧城市框架下智慧政务的数据业务需求，建设工程智能化管理规划应设定以下几个目标：

（1）满足住房和城乡建设部全国建设业一张图的业务需求

住房和城乡建设部作为国务院住房和城乡建设系统管理部门，在行业政策制定等业务方面都需要数据支持，对建设工程智能化系统有全国范围内的行业管理数据统计分析业务需求。

（2）满足各级住房和城乡建设部门审批业务、监管业务需求

省、市、区县住房和城乡建设部门身负行业监管职责，在市场准入资质审批、招投标监管、业务监管等方面都需要数据支持。

（3）满足设计单位、建设单位、施工单位、监理单位等参建单位管理业务需求。

（4）满足建设工程项目现场管理业务需求。

第二节　建设工程智能化管理技术体系设计

建设工程智能化管理系统的设计工作是规划工作的细化，具体工作内容为

技术选型与技术实现方法。

一、建设工程智能化管理技术体系设计的范围

建设工程智能化管理技术体系包括政府部门的监管端、参建单位的企业端、施工现场的项目端三个部分。

在建设工程智能化管理体系中，政府部门的监管端是总纲领，是行业管理的最顶层业务需求。政府部门根据业务归口不同，一般可分为行政审批类、市场执法类、质量安全监管类。行政审批类业务包括企业资质审批、人员资格考核、材料与设备的市场准入资格审批、黑名单审定等。市场执法类业务对应行政审批类业务在"放、管、服"原则下的市场行为过程监管。质量安全监管类业务是指承担法定的质量安全监管职责的业务。政府部门的监管端必须满足"全国建筑市场监管服务公共平台"的数据支持业务需求。

施工现场的项目端是建设工程智能化管理体系的基础，既是行业管理的最小单元，也是行业管理信息的最重要来源。

参建单位的企业端需要从项目端和监管端获取信息数据和行政指令，用于参建单位对项目的精细化管理，体现行业持续健康发展需求，追求效益目标，是建设工程智能化管理体系的最大动力。

本书的设计工作范围涵盖政府部门、参建单位、项目现场的信息化业务需求。

二、建设工程智能化管理技术体系设计的内容

（一）系统总体框架设计内容

系统总体框架设计内容包括：系统技术架构和系统功能架构。

系统技术架构内容有：数据的来源、数据的储存与集成、数据的权限管理、数据的统计分析、数据展示与应用。系统数据主要来源于项目现场的管理业务、政府监管业务以及企业的申报与申诉业务。系统数据的储存方式包括存储介质、数据表单设计、缓存机制、服务器集群与负载均衡等。

系统功能框架内容有：政府部门的监管端平台、参建单位的企业端平台、施工现场的项目端平台，以及智慧城市端数据支持。

（二）系统功能设计内容

政府部门的监管端功能包括：行政审批业务的数据支持、市场执法业务的

数据支持、质量安全监督执法功能。

参建单位的企业端平台功能包括：勘察、设计、报批报建、监理、施工、检监测、培训、安责险、咨询、运维移交等业务需求。

施工现场的项目端平台功能包括：质量、安全、进度、投资、成本、合同、竣工档案等业务需求。

（三）系统数据库设计内容

系统数据库设计内容有：数据存储量、数据算力、总带宽、数据库扩展、数据库灾备、数据库运维与检索等。

三、建设工程智能化管理技术体系总体框架设计

系统技术框架包括数据来源、数据中台、数据层、服务层、应用层，见图4.2.1。

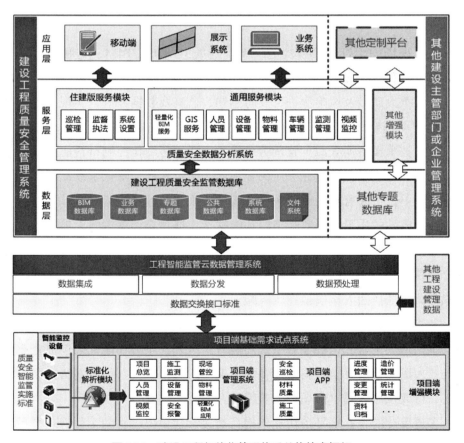

图4.2.1　建设工程智能化管理体系总体技术框架

系统功能架构包括：施工现场的项目管理平台、质安监站的质量安全监管平台、主管部门的业务平台、参建单位的企业端平台等，见图4.2.2。

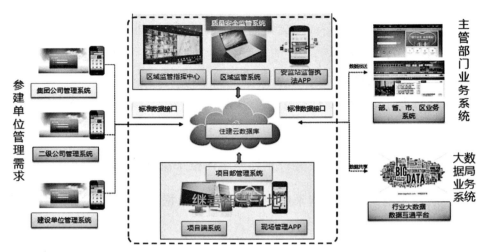

图4.2.2 建设工程智能化管理体系总体功能框架

施工现场的项目端平台功能框架：借助3D-GIS、BIM、物联网、移动互联网、云计算、大数据、人工智能等技术集成，使用先进信息化技术对建设工程全过程重大质量及风险源进行及时感知、监测及数据分析，实现工程质量安全风险的动态监测、专业评估和实时预警。通过大幅度降低管理人员工作强度，通过技术设备换人减少管理劳务投入，通过精细化控制材料能源损耗严格控制成本，通过量化考核任务严格督促落实岗位责任，降低事故经济损失，给行业参建单位带来可观的经济效益，实现建筑业的健康持续发展。

质安监站的质量安全监管平台功能框架：通过全面掌握施工项目的质量安全隐患信息、履职信息，将以前的现场执法模式提升为线上执法与现场抽检相结合的模式，极大提高行业监管力度。同时还可以督促落实执法人员的法定监管职责，降低执法人员岗位廉政风险。

主管部门的业务平台功能框架：根据不同地方政府部门之间职能分工不同，不同地区主管部门的业务系统功能有所区别，主要功能框架包括企业资质审批、人员资格审批、材料与设备的市场准入资格审批、行业违法犯罪黑名单审定、行政执法处罚、市场行为监管等。

参建单位的企业端平台功能架构：对接参建单位已有的工程管理平台，实现用地审批、规划审批、设计成果验收、施工招标、施工许可审批、合同管理、质量管理、安全管理、进度管理、付款审批管理、设计变更管理、验收报备、运维管理等管理功能。参建单位管理系统通过标准接口API从项目现场管理系统中获得实时动态的原生数据，从政府主管部门业务系统获得行政指令与审批数据，集成的数据可以用于后续运维移交管理工作。

智慧政务系统数据支持：服务于现有政务平台，提升企事业单位、个人的业务办理所需的数据支持能力，必须满足"全国建筑市场监管服务公共平台"的数据支持业务需求。

四、施工现场的项目管理平台功能设计

项目端平台应满足人员实名制管理、视频监控管理、扬尘噪声监控管理、质量管理、安全管理、进度管理、投资管理、重大危险源智能感知、实时动态风险评估、应急管理等功能需求。详见图4.2.3。

图4.2.3　建设工程项目现场智能化管理系统功能架构

（一）人员实名管理

根据住房和城乡建设部2018年11月12日启用的"全国建筑工人管理服务信息平台"的数据库与数据接口标准，采用活体生物识别考勤解决方案，收集汇总人员到岗履职信息，为解决虚假刷卡考勤、履职缺岗、证书挂靠、劳

务工资纠纷、恶意讨薪等管理难题提供数据支持。在部分危大工程区域可以应用人员定位技术辅助,加强人员管理成效,为安全作业、应急管理提供保障。

实名闸机必须具备人证比对功能,杜绝人证不符。持证人与身份证照片相似度须超过80%,否则不能认定为人证相符。持证人面相变化太大造成生物特征不稳定的,应保留异常登记记录。条件允许时可采用生物特征更稳定的虹膜或DNA识别技术进行比对审查。

实名闸机设备必须满足相关技术标准和安全认证标准,见图4.2.4。

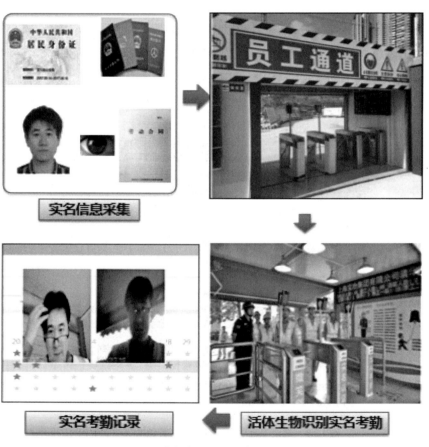

图4.2.4 劳务人员实名制管理技术说明

（二）视频监控

对人车出入通道、材料堆放加工区、重要工作面、重大危险源、办公生活公共区进行实时监控,见图4.2.5。

图 4.2.5　视频监控应用说明

随着视频监控与人工智能、边缘计算的快速耦合，视频监控功能不断加强。推荐使用带有边缘计算、目标识别、行为识别的智能摄像头进行视频监控。

（三）扬尘噪声监控管理

监测重点监控区扬尘浓度、噪声指数、温度等气象参数。通过物联网以及云计算技术，实现了实时、远程、自动监控颗粒物浓度、噪声、温度以及现场视频、图像的数据采集分析，自动预警，联动喷淋降尘，见图4.2.6。

图 4.2.6　扬尘监控说明

（四）质量管理

必须具备对材料见证送检、中间实体工程检测、检验批验收等环节进行全过程监督的管理功能，通过随身专家级 APP 的服务功能，降低管理人员劳动强度的同时，全面收集上报质量管理数据，有力督促参建单位落实主体责任与项目人员岗位责任，见图4.2.7。

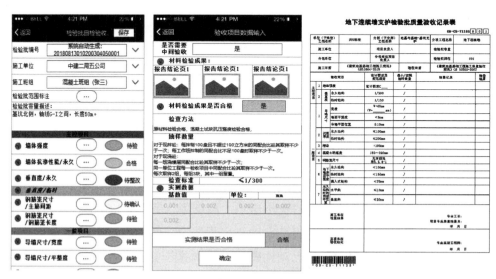

图4.2.7　标准化质量管理示意图

质量管理必须深入到检验批的层级，应实现现场验收实测实量与留存佐证功能，必须满足验收归档资料输出要求，推荐带有集成设计图纸、技术规范、法律法规明确条文的随身专家助手功能。

材料设备管理方面，必须确保进场材料设备在监理见证的情况下，按施工技术规范送检合格后才能作业使用，材料设备的正式检测报告是检验批验收的必需佐证材料。推荐实现材料进出场无人值守的精细化称重、定量管理功能，大幅度降低材料损耗。

实体工程检测方面，必须确保隐蔽工程检测合格后才能进入下一道工序，隐蔽工程检测报告是检验批验收的必需佐证材料。

推荐检测机构的材料设备检测数据与项目现场管理系统的质量管理子系统之间实现数据共享。

检验批验收应结合检验批BIM模型与功能空间BIM模型，与各验收项目一一对应检查验收，系统在验收时自动校核材料设备检测数据、隐蔽工程抽检数据、实测实量数据、施工技术规范、质量验收规范，智能化判定检验批质量合格与否，严格控制工序质量，一道工序不合格严禁发起下一道工序检验批的管理工作，同时发出质量隐患整改指令。

（五）安全管理

比对《安全生产法》《建筑法》、部门规章、安全检查管理规范等安全管理法规，对应岗位职责量化安全管理任务清单，督促参建单位落实安全检查、隐患整改责任，动态评估安全风险等级，见图4.2.8。

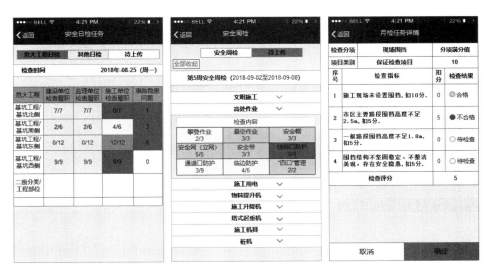

图4.2.8　安全管理示意图

危大工程管理是安全管理的核心内容之一，必须具备危大工程分级分类智能化识别与动态管理功能。建设单位应该在招标阶段向施工单位提供危大工程清单，向施工单位明确交底。施工单位在启动危大工程工序后，动态上报实时风险状态，严格按照专项施工方案做好安全防护措施，危大工程结束后及时关闭该项危大工程。

安全三级巡检是参建单位的法定职责，安全管理子系统必须实现企业主体职责和个人岗位职责的督促落实功能，同时接收政府部门、参建单位发起的专项检查指令与整改指令，实现齐抓共管安全工作的协作机制。

安全教育方面，必须实现从业人员的安全培训教育、考核功能，企业与个人的安全教育信息与行业诚信评定数据互通共享。

（六）进度管理

进度管理一般服务于参建单位，进度管理子系统应与施工工序深度融合，达到检验批深度的进度管理要求。

当BIM设计成果满足实时进度管理要求时，进度管理子系统应结合BIM技术，输出BIM进度数据，见图4.2.9。

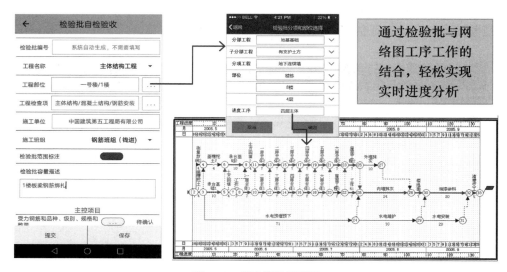

通过检验批与网络图工序工作的结合，轻松实现实时进度分析

图4.2.9 进度管理示意图

（七）投资管理

投资管理子系统可以实现投资进程分析功能，当BIM设计成果满足定额造价管理要求时，应实现检验批算量、造价分析功能，提供BIM投资进程分析功能与数据输出。

（八）重大危险源智能感知

危大工程一般包括深基坑、高边坡、承重支撑体系、脚手架、起重吊装工程、钢结构（索膜）工程、地下工程、水下工程等，危大工程是施工现场的重大危险源，传统人力检查无法感知重大危险源是否处于安全可控状态，应采用智能传感器收集重大危险源的变形、破坏、环境扰动、有毒有害危险气体、盾构机力学参数调整预警等关键数据，实现重大危险源的智能感知，及时发出预警或报警指令，或开启联动安全装置，撤退和保护作业人员。

塔吊监控：可对塔吊超重超力矩起吊、侧向起吊、强风起吊、危险禁吊区域起吊、附墙构件失效、塔身钢结构变形等关键数据进行监控预警，见图4.2.10。

图4.2.10　塔吊监控传感器

升降机监控：可对施工升降机超载、防坠器失效、顶升限位失效等关键数据进行监控预警，见图4.2.11。

图4.2.11　施工升降机监控传感器

电气电路监测：通过测量电气线路表面温度，判断线路超负荷运行状况。超过70℃时判定严重过载高温，报警整改，预防电路起火。实时监测电气线路剩余电流强度，判断回路中电流损失值，从而判断线路漏电情况。电流损失值超过300mA时判定漏电严重，报警整改，预防漏电触电。

深基坑监测：应用检测机器人对围护结构进行稳定性监测，自动定期搜索测点棱镜并测定位移值，位移监测数据实时上传，位移超出标准限值时，实时报警。

高大模板支撑体系监测：采用智能传感器对高大模板与支架体系整体位移、模板和支架结构应力与变形进行监测，实时监测高大模板及支架的安全状态，对实施预压阶段和混凝土浇筑过程安全监测，监测数据应上传至监管平台，实时预警，见图4.2.12。

图4.2.12 高大模板支撑体系监测智能传感器说明

　　地下隧道与盾构作业监控：采用智能传感器对地下暗挖隧道位移、沉降、水位、应力、变形等信息进行智能监测预警。实时监测盾构施工参数，实时姿态数据和三维定位数据，接近岩性变化结构面时发出修改盾构机力学参数的预警报警信号，见图4.2.13。

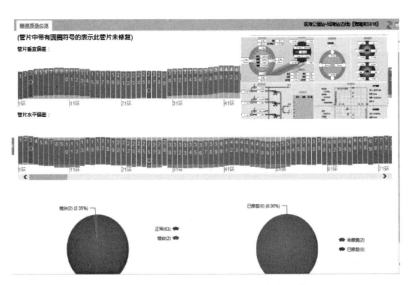

图4.2.13 地下隧道与盾构作业智能感知说明

能耗监控：采用智能传感器对大型施工机械、作业平台进行实时监控，当监控对象处于异常怠速运转时发出预警报警信号，减少台班损耗、燃料损耗、设备损耗、电力损耗、用水损耗，大幅度提升节能降本成效，见图4.2.14。

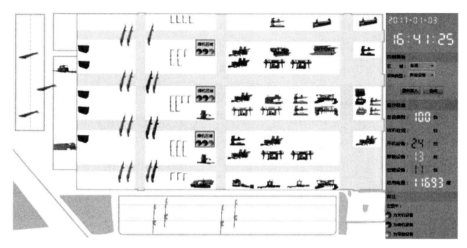

图4.2.14　能耗监控说明

（九）实时动态风险评估

安全管理系统必须实现智能化动态安全风险评估功能，采用安全检查表法（SCL）对安全管理人员到岗履职、危大工程、安全隐患整治、机械安全、用电安全、高空作业、危化品、动火作业、安全教育培训、食品卫生安全等风险因子进行动态统计分析，提供风险评估结论，实现安全管理的决策支持功能。

（十）应急管理

应急管理子系统应包括应急预案编制、评审、备案、演练和响应功能，应急预案应包括垮塌、物体打击、高空坠落、触电、机械伤害、极端恶劣天气、突然停电等突发事件的应对方案。

五、质安监站质量安全监管端平台功能设计

政府部门建设工程质量安全智能化监管系统主要服务于建设工程质安监站，见图4.2.15。

质量安全智能化监管系统以项目现场智能化监管系统为基础，接入各项目端采集的参建单位履职数据、隐患整改数据、监控监测数据、视频数据以及移动执法、巡检数据，以3D GIS数据和BIM数据为载体，并在"质量安全一张

图"平台的支撑下，实现线上执法功能，大幅度提升监管覆盖度和监管成效，辅以少量现场抽检执法，满足管理者对各工程项目质量安全不合规现象的执法监督业务需要。同时将业务数据与GIS及BIM数据关联，实现更直观、更高效的管理手段，有助于质量安全监督站及时准确掌握现场信息，更加高效合理地判断和决策。

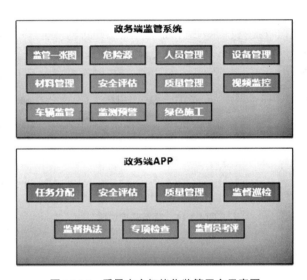

图4.2.15　质量安全智能化监管平台示意图

质量安全智能化监管系统应有"质量安全一张图"展示功能与线上移动执法功能。

（一）"质量安全一张图"

建设工程质量安全智能监管业务系统以项目端质量安全监管系统和政务端通用模块为基础，接入各项目端采集的监控数据、监测数据、视频数据以及移动执法、巡检数据，以大屏幕为展示环境，以GIS地图为基础，将项目质量安全方面的关注信息进行汇总和可视化表达。展示系统采用多元、先进、用户体验较好的技术可视化方法进行数据表达，便于建设工程管理者和决策者快速掌握全市建设工程的总体情况和关键信息。

展示系统在浏览器环境下运行，支持常用地图服务格式和二三维一体化的浏览模式，可加载影像、DEM等栅格数据格式以及点、线、面等矢量数据格式，对专题数据需要用不同的可视化表现手段，突出质量安全专题信息，以图表等可视化的方式，实现对建设工程质量安全专题整体状况以及统计指标的表达，在图表与地图之间建立联动关系。

展示系统具备各项目基本信息以及质量安全专项信息的查询显示能力，便于管理者和决策者全面掌握从宏观到微观的质量安全信息。

（二）线上移动执法

移动监督巡检App作为建设工程质量安全智能监管平台的一部分，其主要的功能设计重点面向质安监站监督员。本移动监督巡检App设计利用手机的便捷和轻量化，结合BIM的展示方式，提供给监督员一种更加高效的巡检作业手段。为了使监督员能更加方便有效地对工程进行管理、对三级巡检进行监督、抽查工程现场的质量安全隐患等工作，App将与整体的建设工程质量安全智能监管平台，尤其是政务端子系统进行深度数据对接和数据同步。

移动监督巡检App可在IOS和Android系统中应用。通过与业务系统的数据对接，达到对工程信息包括基本信息和三级巡检信息以及审批情况、执法情况的实时同步。

移动监督巡检App由四大功能模块组成，分别为任务清单、工程信息浏览、报审管理、监督执法以及巡查统计分析。任务清单模块由巡查任务浏览和历史任务查看两部分组成；工程信息浏览由工程列表管理、工程详细信息、BIM浏览和工程平面图浏览四部分功能组成；监督检查模块分为三级巡检记录查看、三级巡检记录核查、三级巡检问题提醒、现场抽查、结果同步五部分组成；结果汇总模块分为检查结果汇总、执法单生成和执法单推送。

六、主管部门业务平台功能设计

面向不同行政级别的用户，分别搭建大屏演示、业务管理以及移动端App应用系统，根据用户角色和关注点的不同，进行应用模式定制、权限区分和功能开发，形成面向建设工程质量安全管理中不同侧重点和业务需求的应用。

针对其他主管部门或企业对建设工程的个性化管理需求，政务端系统可在云数据管理系统以及通用服务模块的统一支撑下，在数据层、服务层和应用层进行扩展，建设定制化的管理系统。

第三节　建设工程智能化管理的关键技术体系

建设工程智能化管理技术体系涉及的专业较为繁杂，跨界的学科较多，本书从建筑行业管理业务需求的角度，聚焦建筑业主体责任落实、质量安全风险评估、信用体系构建以及人工智能传感等方面的关键技术。

一、主体责任督促落实技术

建筑业的质量安全风险极高，需要参建单位齐抓共管，全面落实各自的主体责任，才能有效降低行业风险。长期以来建筑业已经完善汇总了参建单位各自的法定责任，形成了一系列的法律法规和技术规范。但是在施工项目现场，由于欠缺有效的督促管理措施，加上低价中标、拖欠工程款、资质挂靠等行业沉疴原因，导致参建单位主体责任难以得到有效监督。

行业管理历史上曾经多次出现过"一抓就死、一放就乱"的局面，就是因为缺少精准、动态的管理技术。把信息技术与建筑施工应用场景深度融合，研发建设工程智能化管理平台、智慧工地等软件平台，督促落实参建单位的主体责任，是建设工程智能化管理体系的关键技术，可以有效解决"看不清、想不到、管不到"的难题。

依据法律法规和技术规范，根据施工项目的类型、规模、工序（检验批）等情况，结合现场管理特点，设置科学的主体责任清单，与施工现场作业管理的工作清单一一对应，提供服务于现场管理的信息化技术工具，在提高现场管理成效的同时，收集参建单位履行主体责任的关键数据，实现信息技术与安全生产的深度融合，这是建设工程主体责任督促落实技术的关键内容。

（一）安全管理履职内容量化

安全管理履职量化内容包括安全管理人员到岗、安全检查履职、危大工程识别、安全作业、监控监测、事故隐患整改等。

1.安全管理人员到岗

在落实建市〔2019〕18号文实施活体生物识别考勤的基础上，收集项目经理、项目总监、项目安全管理人员的到岗信息。项目经理的量化指标为开工日数的80%，项目总监的量化指标为开工日数的40%，项目其他安全管理人员的量化指标为开工日数的80%。

2.安全检查履职

软件平台应提供合规的安全检查履职清单，清单内容包括建筑工程行业技术标准JGJ系列、《市政工程施工安全检查标准》CJJT 275—2018、《建筑施工企业主要负责人、项目负责人和专职安全生产管理人员安全生产规定》(住房和城乡建设部第17号令)、《城市设计管理办法》(住房和城乡建设部第37号令)等法规文件中的履职内容。依据软件平台提供的安全检查履职清单，对参建单位的安全作业履职内容进行量化管理。

3.安全作业履职量化

软件平台应提供合规的安全作业履职清单，清单内容包括建筑工程行业技术标准JGJ系列、《市政工程施工安全检查标准》CJJT 275—2018、《建筑施工企业主要负责人、项目负责人和专职安全生产管理人员安全生产规定》(住房和城乡建设部第17号令)、《城市设计管理办法》(住房和城乡建设部第37号令)等法规文件中的履职内容。依据软件平台提供的安全作业履职清单对参建单位的安全作业履职内容进行量化管理。

4.监控监测履职

建设工程项目至少应履行以下监控监测责任：(1)按照住房和城乡建设部建办质〔2019〕23号文的要求，对建筑施工现场进行扬尘监控；(2)视频监控；(3)按照住房和城乡建设部建质〔2019〕18号文的要求，落实从业人员实名制监控。各地政府主管部门可以根据当地监管业务需求提出更多的监控监测履职内容。

5.事故隐患整改履职

事故隐患整改是预防事故的最后一道关口，应属参建单位的重要履职内容。事故隐患包括人员履职隐患、安全防护隐患、安全作业隐患、安全管理隐患、大型设备隐患、危大工程隐患等，应对事故隐患整改履职进行量化管理。

（二）质量管理履职清单内容

质量管理履职量化内容包括材料见证送检、实体工程现场抽检、检验批实测实量验收、质量隐患整改等。

1.材料见证送检履职

软件平台提供完善的材料见证送检履职清单，对各检验批要求的材料见证送检履职内容进行量化管理。

2.实体工程现场抽检履职

软件平台提供完善的现场抽检履职清单，对各检验批要求的现场抽检履职内容进行量化管理。

3.检验批实测实量验收履职

软件平台提供完善的检验批实测实量验收履职清单，对各检验批要求的实测实量验收履职内容进行量化管理。

4.质量隐患整改履职

质量隐患整改是确保工程质量的最后一道关口，应属参建单位的重要履职内容，应对事故隐患整改履职进行量化管理。

二、质量安全风险智能评估技术

建设工程智能化管理平台的核心内容之一是建设工程质量安全风险智能评估。软件平台基于自运行所收集的各类信息数据，对建筑施工现场质量安全状态进行智能评估，提供质量安全风险评估结果，用于质量安全管理决策支持。

（一）安全风险智能评估内容

建筑施工安全风险智能评估的风险因子应包括：人员到岗、管理履职、作业履职、监控监测、事故隐患整改等内容。其中人员到岗、监控监测等风险因子的数据来自智能传感硬件设备，管理履职、作业履职、事故隐患整改等风险因子的数据来自日常作业管理工作记录。

（二）质量风险智能评估内容

建筑施工质量风险智能评估的风险因子应包括：材料质量、实体工程质量、检验批质量、实测实量、质量隐患整改等内容。各风险因子的数据全部来自日常作业管理工作记录。

三、多平台数据共享技术

为了实现建设工程智能管理技术体系的最大效益，打破"数据孤岛"，减少各方重复建设带来的互相干扰和资源浪费，必须在政府监管平台、项目端管理平台、企业管理平台之间提供无障碍数据通道，需要采用多平台数据共享技术，见图4.3。

多平台数据共享技术一般包括：数据字段标准、数据库表标准、数据接口API标准。

数据字段标准必须能解决三极平台的全部数据业务需求，数据库表标准解决多平台数据读存效率与同步问题，数据接口API标准解决数据推送权限、推送接收数据端口以及数据传输安全性问题。

建设工程智能化管理

图4.3 多平台数据共享示意图

第四节 装饰装修工程的智能化管理系统应用

一、装饰装修BIM技术应用

（一）项目的管理挑战与难点

1.图纸问题多，易造成返工

工程项目体量相对较大，涉及专业多，管道设备错综复杂。如果依据以往的作业方式（二维蓝图交互、交底、审核），一方面工作量巨大，另一方面图纸错误非常多且事前无法发现，造成返工、成本增加、延误工期。如果通过3D虚拟、碰撞检查，就能提前快速预见问题，整体控制项目实施风险。

2.工程量控制难度高

工程项目投资金额普遍较大，投入成本与工程量的控制要求较高，在整个过程中涉及工程量确定、进度款支付、多方预结算审核等，综合管理复杂，数据处理缓慢，容易失控，通常在过程中很难发现问题，到最后结算才发现，往往为时已晚。

3.工期控制困难

现在项目工期一般都比较紧张，如何在较短的工期内完成项目建造并交付运营，对项目任何参与方都是巨大的挑战。有效控制工期的途径是更少的变更、更少的返工、更高效的协调和生产力，需要通过有效的管理手段和信息技术配合，才能更好地实现。

4.工程项目专业技术性强，复杂且难度高

必须综合运用现代化的信息系统、BIM、云计算等综合技术手段，才能保证项目高效率、高质量、低成本地运行。

5.工程项目协同产生的误会多且效率低下

对于工程项目而言，因为参与方多、信息量庞大、涉及的专业（系统）多，传统低效的点对点协同共享，往往产生理解不一致等问题，造成效率低下，导致延误工期。项目各参与方应在统一的信息共享平台、统一的BIM数据库系统、统一的流程框架下进行作业，才能高效协同。

6.施工技术、质量与安全管理难度大

工程项目对施工质量要求高，对施工安全风险因素控制严格。但工程项目所涉及的施工专业繁多，参与的施工队伍众多，配合施工机械更是五花八门，影响施工质量与安全风险因素较多，需要提前作出预控应对。

7.工程项目信息难留存、归档

目前大部分工程项目在设计——建设——验收整个过程中产生的数据众多且庞大，设计修改、签证、设备资料等数据与信息很难做到统一归档管理。传统的纸质资料面临保存困难、易损坏及丢失的风险，给后续的档案查阅和追踪带来相当大的困难。因此工程项目的信息、资料留存和归档，是否能通过信息化、数字化、可视化的先进技术管理，显得尤为重要。

基于以上项目管理面临的挑战和困难，在项目的建设过程中，必须引进新的信息化技术进行辅助管理。BIM技术的发展和逐渐成熟可以很好地解决以上问题，使工程项目建设管理更为科学、高效。

（二）BIM实施目标及说明

1.项目策划阶段

（1）确定项目BIM实施目标，明确项目BIM应用目标。

（2）制定BIM管理体系，明确组织架构、工作职责、实施计划、工作制度等。

（3）制定BIM应用方案，梳理项目工作流程，制定BIM工作流程图，明确工作间关系。

2.项目实施阶段

（1）BIM模型建立及信息输入，按照模型精度要求，建立机电、装修等各类BIM模型，为BIM应用做准备。

（2）利用BIM模型加强项目设计及施工的协调，辅助各类协调会议，基于

BIM的图纸会审会议，基于BIM的进度协调会议等。

（3）利用碰撞检查功能减少施工现场碰撞冲突，检查各专业间碰撞，优化机电综合管线、装修结构与土建间的碰撞等。

（4）4D模拟优化施工进度计划、施工工艺及流程，模拟检查施工进度、复杂方案、复杂工序的合理性，判断各专业搭接时间或交接顺序是否合理。

（5）模型交底指导现场施工，提高质量管控效果，利用BIM模型进行样板交底，现场BIM模型与实体对比。

（6）BIM模拟场地布置，提高现场管理效率和可实施性，建立三维平面布置模型，采用可视化的动态控制，辅助现场方案进行比选与实施。

（7）BIM模型信息自动工程量统计，快速评估变更引起的成本变化，自动归集前后工程量的变化，辅助成本管理。

3.项目竣工阶段

交付BIM竣工模型，提供整个工程项目中的各类相关信息。

4.运营维护阶段

将BIM竣工模型导入运维系统，全面辅助业主进行物业管理。

（三）BIM总体实施规划

BIM技术应用和实施须结合工程项目的建设整体进展，在项目建设全生命周期中，不同阶段将展开相对应的工作。具体的总体实施计划如下：

1.准备阶段

（1）BIM团队组建组织架构表；

（2）BIM实施计划书；

（3）BIM标准制定（设计、施工和运维阶段）——建模、维护、应用等；

（4）BIM应用协同平台建立。

2.施工阶段

（1）各专业创建BIM模型；

（2）施工场地布置；

（3）碰撞检查及出具碰撞报告；

（4）砌体排布；

（5）施工阶段的划分；

（6）高大支模查找；

（7）管线综合，出具平面、立面及剖面图纸和报告，出具机电综合管道图

（CSD）等施工深化图；

（8）出具结构预留洞口图及报告；

（9）净高检查并出具分析报告；

（10）施工过程工程量分节点、分层、分施工段、分大类查询和统计；

（11）设计、施工变更引起的模型修改；

（12）提供5D施工进度模拟；

（13）参建单位培训并指导；

（14）施工指导和虚拟建造展示；

（15）材料精细化管理——精确计划以及减少二次搬运；

（16）利用移动设备进行质量、安全管理；

（17）施工资料信息化管理与工程资料数据库建立；

（18）4D施工进度优化，控制进度偏差；

（19）生成BIM运维模型；

（20）BIM运维模型使用——空间管理、设备管理等。

3.运维阶段

提供BIM竣工模型。

（四）BIM技术应用重点

1.设计阶段

（1）建模、图纸问题审查及碰撞检查，出具碰撞报告

通过建立模型，及时发现设计图纸问题，并第一时间反馈给设计单位进行修改，另一方面也提高了设计图纸的质量和进度。通过BIM应用协同平台集各专业的模型于一体，进行碰撞检查，发现各设计院图纸冲突的地方，协助设计单位进行及时修正。利用BIM平台自动检测碰撞点功能，可以在短时间内自动查找出模型内所有冲突点并出具详细的碰撞报告。根据以往项目经验，对于设备层、地下室等复杂区域，每1万平方米碰撞点可以达到500多处，除去可以忽略的碰撞点后仍然大概有200多处，其中影响比较大的碰撞点30多处，见图4.4.1。

（2）机电安装的管线综合优化

利用各个专业的BIM模型进行碰撞检查后，发现碰撞点，通过机电安装的三维模型，可导出二维平面和三维图形，用于指导现场施工。我们不但能发现问题，同时可以用最优化的方式及时解决问题，见图4.4.2。

建设工程智能化管理

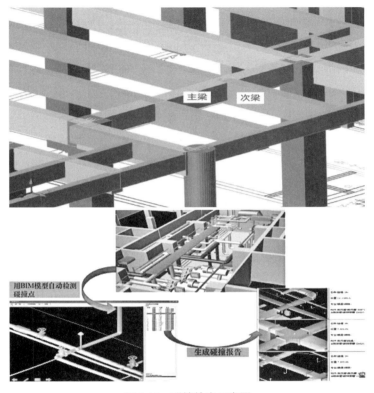

图 4.4.1　碰撞检查示意图

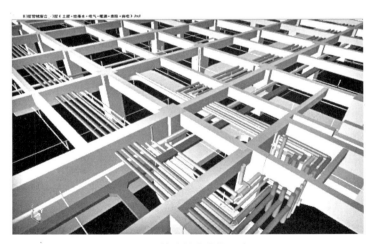

图 4.4.2　管线综合优化示意图

（3）预留洞口的生成

　　管线综合排布后，可以利用精确的 BIM 模型，导出详细的预留洞口报告，施工人员依据报告，核对模型洞口的标高、尺寸来调整施工，见图 4.4.3。

图4.4.3 预留洞口示意图

（4）净高检查

综合排布后，可以检查限定高度范围以内的构件，及时发现结构高度过低或者后续机电施工净高不满足的地方，见图4.4.4。

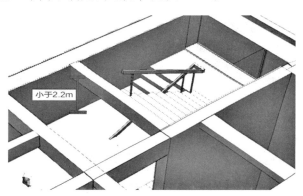

小于2.2m

图4.4.4 净高检查示意图

（5）BIM模型内部漫游

利用BIM模型的可视化功能，在项目施工之前可以进行内部漫游，提前发现图纸的问题，减少后期人为变更情况的发生，降低成本，见图4.4.5。

图4.4.5 内部漫游示意图

建设工程智能化管理

2.施工阶段

（1）施工场布管理

建立施工场地的BIM模型，利用现场环境，合理布置材料堆放区、加工区、运输通道、员工通道、消防通道等位置，见图4.4.6、图4.4.7。

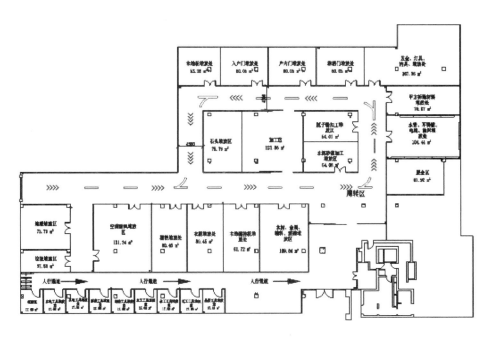

图4.4.6 施工现场平面图

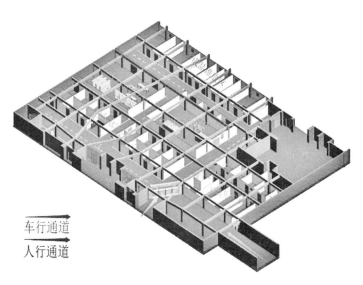

图4.4.7 施工场地BIM模型

（2）地砖、墙砖等排布及切割

利用BIM模型的可视化功能及模型材料明细表，辅助优化地砖、墙砖排布及切割方案，智能生成优化排版图，让施工现场加工更加精准，损耗更低，见图4.4.8。

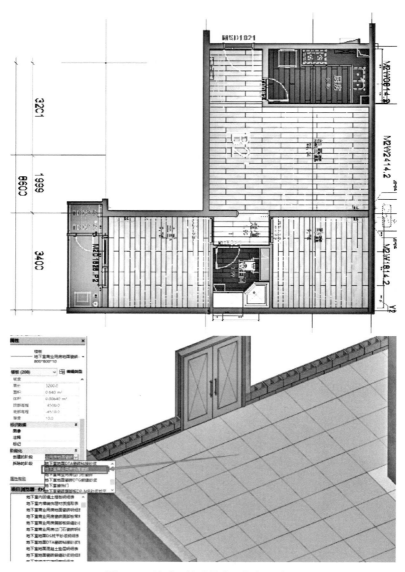

图4.4.8 地砖、墙砖排布及切割示意图

（3）BIM技术模拟复杂工艺指导施工

利用BIM软件的施工模拟功能，模拟复杂工艺的关键工序，在三维视图中将施工过程中有可能出现的问题进行梳理，形成动画或图片进行技术交底，指导施工，见图4.4.9。

图4.4.9　模拟复杂工艺指导施工示意图

（4）BIM模拟工程进度

施工进度计划利用project进行编排，再将project的项目子项名称与模型构件属性名称进行逐一对应，导出后利用Navisworks进行可视化的施工进度模拟，通过其4D（三维模型加项目的发展时间）、仿真、动画和照片级效果制作功能，帮助对设计意图进行演示，对施工流程进行仿真模拟，从而加深对项目理解，提高可预测性及项目团队之间的协作效率低，见图4.4.10。

（5）资料管理、设备信息管理

基于BIM技术的业主方档案资料协同管理平台，可将施工管理、项目竣工和运维阶段需要的资料档案（包括验收单、合格证、检验报告、工作清单、设计变更单等）列入BIM模型中，实现高效管理与协同。项目竣工交付时，以往业主方除取得实体建筑以外，就是平面的二维竣工资料。平面的二维竣工资料存在以下弊端：

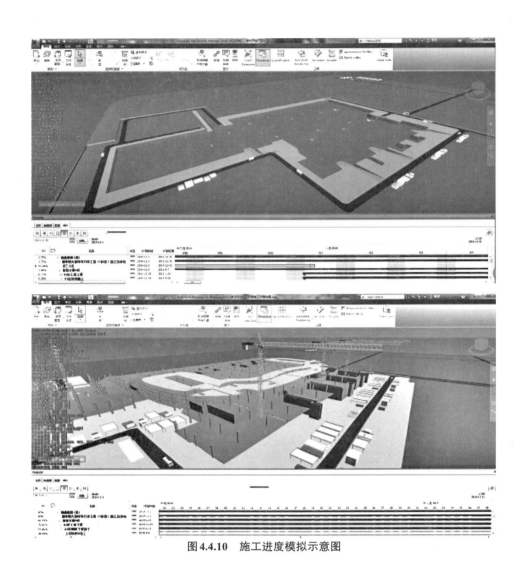

图 4.4.10　施工进度模拟示意图

建设工程智能化管理

① 保存困难：经常出现项目运行几年后，完整的图纸找不到的情况；

② 查询困难：碰到紧急事件需要处理，通过翻阅二维图纸很难准确定位；

③ 不准确：因为过程中大量深化设计和变更，导致最终的竣工图纸跟实际差别非常大。

通过设计阶段BIM模型的创建以及施工阶段BIM模型的维护和更新，最终业主获得的是富含大量运维所需数据和资料的BIM（建筑信息模型），让BIM真正实现项目全生命周期的管理，为业主方提供及时、直观、完整、关联的项目信息服务和决策支持，实现BIM竣工模型（虚拟建筑）的信息与实际建筑物信息一致，方便后期维护，见图4.4.11、图4.4.12。

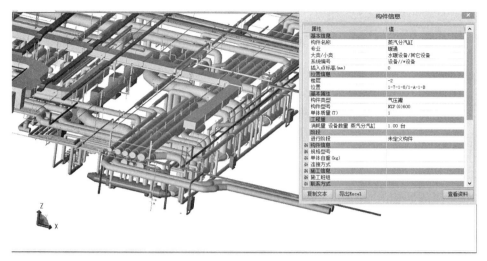

图4.4.11 设备信息管理示意图

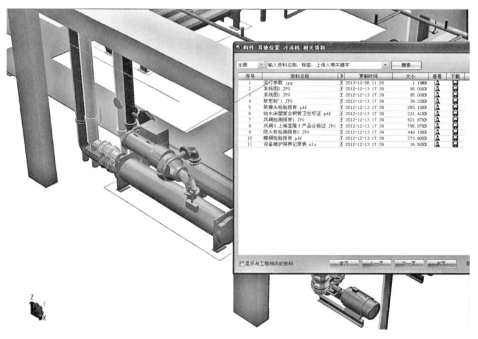

图4.4.12 资料管理示意图

3.项目全过程工程量计算

利用BIM各专业的三维模型，对照工程量清单及材料编码，出具准确的工程量，编制招标控制价，工程量审核立体可视，提高了工程量的准确率，见图4.4.13。

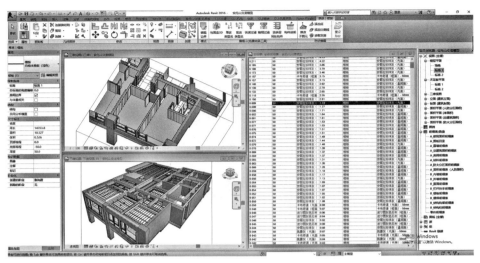

图 4.4.13　工程量计算示意图

二、装饰装修与运维管理智能化应用

（一）智能建筑概述

智能建筑指通过将建筑物的结构、设备、服务和管理根据用户的需求进行最优化组合，从而为用户提供一个高效、舒适、便利的人性化建筑环境。智能建筑是集现代科学技术之大成的产物，其技术基础主要由现代建筑技术、现代电脑技术现代通信技术和现代控制技术所组成。

智能建筑并不是特殊的建筑物，而是以最大限度激励人的创造力、提高工作效率为目的，配置大量智能型设备的建筑。在这里广泛应用了数字通信技术、控制技术、计算机网络技术、电视技术、光纤技术、传感器技术及数据库技术等高新技术，构成各类智能化系统。

（二）智能建筑特点及功能

智能建筑通过大量采用信息技术及设备从而具有许多崭新功能。智能建筑可提供三大方面的服务功能，即安全性、舒适性和便利高效性。智能建筑可以满足人们在社会信息化新形势下对建筑物提出的更高的功能需求。

1.系统高度集成

从技术角度看，智能建筑与传统建筑最大的区别就是智能建筑各智能化系统的高度集成。

智能建筑系统集成，就是将智能建筑中分离的设备、子系统、功能、信息，通过计算机网络集成为一个相互关联、统一协调的系统，实现信息、资源、任务的重组和共享。智能建筑安全、舒适、便利、节能、节省人工费用的特点必须依赖集成化的建筑智能化系统才能得以实现。

2.节能

以现代化商厦为例，其空调与照明系统的能耗很大，约占大厦总能耗的70%。在满足使用者对环境要求的前提下，智能大厦应通过其"智能"，尽可能利用自然光和大气冷量（热量）来调节室内环境，最大限度地降低能源消耗。按照事先在日历上确定的程序，区分"工作"与"非工作"时间，对室内环境实施不同标准的自动控制，下班后自动降低室内照度与温湿度控制标准，已成为智能大厦的基本功能。利用空调与控制等行业的最新技术，最大限度地节省能源是智能建筑的主要特点之一，其经济性也是该类建筑得以迅速推广的重要原因。

3.节省运行维护的人工费用

根据美国大楼协会统计，一座大厦的生命周期为60年，启用后60年内的维护及运营费用约为建造成本的3倍。再依据日本的统计，大厦的管理费、水电费、煤气费、机械设备及升降梯的维护费，占整个大厦运营费用支出的60%左右；且其费用还将以每年4%的速度增加。所以依赖智能化系统的智能化管理功能，可发挥其作用来降低机电设备的维护成本，同时由于系统的高度集成，系统的操作和管理也高度集中，人员安排更合理，使得人工成本降到最低。

4.安全、舒适和便捷的环境

智能建筑首先确保人、财、物的高度安全以及具有对灾害和突发事件的快速反应能力。智能建筑提供室内适宜的温度、湿度和新风以及多媒体音像系统、装饰照明、公共环境背景音乐等，可大大提高人们的工作、学习和生活质量。智能建筑通过建筑内外四通八达的电话、电视、计算机局域网、因特网等现代通信手段和各种基于网络的业务办公自动化系统，为人们提供一个高效便捷的工作、学习和生活环境。

（三）智能建筑环境的特点

（1）提供"建筑智能化部分"的使用空间、建筑平面和空间布局，这与一般建筑有所不同。

（2）使"建筑智能化部分"镶嵌到建筑物中所需的特殊结构及材料。

（3）保证"建筑智能化部分"的运行条件，并为住户提供更方便、更舒适的工作、生活环境。这将使建筑物在声、光、色、热、安全、交通、服务等方面具有某些新特点。

（四）智能建筑实现的要求

建筑智能化能够得以实现的核心前提是楼宇智能化系统的全面集成，通过智能建筑信息集成系统实现对楼宇设备自动化系统（BAS）和通信自动化系统的整合，实现信息、资源和管理服务的一体化集成与共享，对楼宇内各类传感器信息和业务经营模式对环境的需求与影响等加以合理分析，并通过全方位各系统的综合调度与调控，实现绿色、环保与节能的建筑智能化建设目标。

未来智能建筑的发展有两大趋势：集成与融合。以集成为例，即多个子系统在单独发展的同时，越来越多地实现在同一平台上的集成。例如，可以使用电子设备的智能网络来监测和控制电子照明系统，控制程序可以根据数据自动产生某些参数去调节空调，与此同时，暖通、空调、照明等也可以被集成到一个平台，从而提高操作效率和便利性。与此同时，对相应的项目数据进行统一分析，可以提高管理效率、降低能耗运行费用，实现绿色建筑的可持续发展。

（五）智能建筑常见智能化系统（表4.1）

智能建筑常见智能化系统 表4.1

序号	系统	序号	系统
1	消防报警系统	9	卫星接收及有线电视系统
2	闭路监控系统	10	公共广播系统
3	停车场管理系统	11	计算机网络系统
4	防盗报警系统	12	水、电、气三表抄送系统
5	智能卡系统	13	音视频会议系统
6	综合布线系统	14	物业管理系统
7	楼宇自控系统	15	电气线路监控预警
8	人脸监控系统	16	危险有毒气体监控预警

1. 消防报警系统

消防报警系统又称火灾自动报警系统，它是由触发装置、火灾报警装置、联动输出装置以及具有其他辅助功能的装置组成，它能在火灾初期将燃烧产生的烟雾、热量、火焰等物理量，通过火灾探测器变成电信号，传输到火灾报警控制器，并同时显示出火灾发生的部位、时间等，使人们能够及时发现火灾，并及时采取有效措施，扑灭初期火灾，最大限度地减少因火灾造成的生命和财产的损失，是人们同火灾做斗争的有力工具。

2.闭路监控系统

闭路监控系统能在人们无法直接观察的场合，实时、形象、真实地反映被监视控制对象的画面，并已成为人们在现代化管理中监控的一种极为有效的观察工具。由于它具有只需一人在控制中心操作就可观察许多区域，甚至远距离区域的独特功能，被认为是保安工作之必需手段。因此，闭路监控系统在现代建筑中起独特作用。

3.停车场管理系统

停车场管理系统是通过计算机、网络设备、车道管理设备搭建的一套对停车场车辆出入、场内车流引导、收取停车费进行管理的网络系统，是专业车场管理公司必备的工具。它通过采集记录车辆出入记录、场内位置，实现车辆出入和场内车辆动态和静态的综合管理。前期系统一般以射频感应卡为载体，目前使用广泛的光学数字镜头车牌识别方式代替传统射频卡计费，通过感应卡记录车辆进出信息，通过管理软件完成收费、收费账务管理、车道设备控制等功能。

4.防盗报警系统

防盗报警系统是指在一个或多个单位构成的区域范围内，采用无线、专用线或借用线的方式将各种防盗报警探测器、报警控制器等设备连接，构成集中报警信息探测、传输、控制和声、光响应的完整系统。它能及时发现警情，并将报警信息传送至有关部门，达到及时发现警情、迅速传递、快速反应的效果。组建一套合理、适用的报警系统，起到预防、制止和打击犯罪的重要作用，使损失减少到最低程度。

5.智能卡系统

智能卡系统分类：门禁系统、考勤系统、巡更系统、停车场系统、消费系统。作为一个高水平的现代化办公楼，实现管理的高效率，方便客户，使客户感到自由、方便、舒适、安全是十分必要的。充分发挥信息、网络、自动控制和通信领域的综合技术，将一卡通智能化系统与计算机网络相结合，使办公楼的管理全面走向信息化、智能化和数字化。

6.综合布线系统

结构化布线系统是一套用于建筑物或建筑物群内的传输网络，它将话音、数据、图像等设备彼此相连，也使上述设备与外部通信数据网络相连接。一个设计良好的布线系统应具有开放性、灵活性和扩展性，并使其服务的设备有一定的独立性。需要指出的是，结构化布线系统是一套具有标准、设计、施工及信息界面的无源系统，不包含任何相关的有源连接设备。理想的布线系统可以支持话音应用、数据应用，而且最终能支持综合型话音和数据应用。

7.楼宇自控系统

楼宇自控系统一般包括：中央管理操作站系统、冷热源系统、空调系统、通排风系统、给排水系统、变配电系统、照明及电梯监控系统。

建筑物自动化系统，又称楼宇自动化系统BAS。它被列为智能建筑的重要组成部分，包含对空调通风系统、给排水系统、照明系统等的管理与协调，并对整座建筑的机电设备进行信号采集和控制，实现大楼设备管理系统自动化，起到改善系统运行品质、提高管理水平、降低运行管理劳动强度、节省运行能耗的作用。

8.人脸监控系统

人脸监控系统以人脸识别技术为核心，是一项新兴的生物识别技术，是当今国际科技领域攻关的高精尖技术。它广泛采用区域特征分析算法，融合了计算机图像处理技术与生物统计学原理于一体，利用计算机图像处理技术从视频中提取人像特征点，利用生物统计学的原理进行分析建立数学模型。高科技人脸监控识别系统，可以对人脸明暗侦测，自动调整动态曝光补偿，人脸追踪侦测，自动调整影像放大。

9.卫星接收及有线电视系统

卫星接收及有线电视系统在国际上最早也被称为共用天线电视系统"Community Antenna Television"，缩写为CATV系统。由于通信技术的迅速发展，该系统不但能接收电视塔发射的电视节目，还可能通过卫星地面站接收卫星传播的电视节目。有了这个系统，电视图像就不会因高山或高层建筑的遮挡或反射，出现重影或雪花干扰。人们不但可以看好电视节目，还可以利用这套设备来自己播放节目（如电视教学）以及从事传真通信和各种信息的传递工作。卫星接收及有线电视系统已成为当今智能化系统中必不可少的一个子系统，根据今后信息网络发展的需要和业主的要求，卫星及有线电视系统将是一个多功能、宽频带、高性能的图像、语音、数据和控制信号的实时传输系统。

10.公共广播系统

公共广播系统设于公众场所，平时播放背景音乐，自动回带循环播放。发生事故时，则兼作事故广播用，指挥引导疏散。全套系统包括背景音乐及紧急广播系统，主要采用专为智能大厦、机场、车站、综合大楼等公共设施而设计的广播系统。

系统的各个构成单元以及各种安装件均采用模块化结构，模块高度进制符合IEC-297-2的有关规定，系统由于采用模块化结构，所以可根据要求组合，扩展较为方便。系统平时可向各区域提供背景音乐、事务广播及紧急广播。

11.计算机网络系统

通过计算机的互联，实现计算机之间的通信，从而实现计算机系统之间的信息、软件和设备资源的共享以及协同工作等功能，其本质特征在于提供计算机之间各类资源的高度共享，实现便捷地交流信息和交换思想的目的。

千兆以太网的出现，解决了用户高带宽的要求，加之千兆以太网厂商独特的QoS（Quality of Service）质量控制功能，使得网络的流量及带宽控制成为现实，解决了不同应用对带宽的需求。千兆以太网与QoS技术相结合，弥补了以太网的不足，以极优的性能价格比与ATM技术相抗衡，在局域网中得以广泛的应用。

12.水、电、气三表抄送系统

三表抄送系统是小区智能化重要的组成部分，它将取代传统的上门收费及IC卡计量收费方式，使住户的水、电、气等表的计量更准确、方便、快捷，便于集中管理。该系统能够提供一个投资合理，高效率、舒适、温馨、便利以及安全的居住环境。

13.音视频会议系统

音视频会议系统包括MCU多点控制器（视频会议服务器）、会议室终端、PC桌面型终端、电话接入网关（PSTNGateway）、Gatekeeper（网闸）等几个部分。各种不同的终端都连入MCU进行集中交换，组成一个视频会议网络。此外，语音会议系统可以让所有桌面用户通过PC参与语音会议，这些是在视频会议基础上的衍生。

14.物业管理系统

物业管理系统是为了方便物业管理部门，有效提高公司内部各个部门及各个岗位的执行力，实现业务管理和行政办公管理的规范化管理、流程化管理而产生的一套物业管理系统。

15.电气线路监控预警

电气线路监控预警系统通过物联网技术对电气引发火灾的主要因素（导线温度、电流、电压和漏电流）进行不间断的数据跟踪与统计分析，实时发现电气线路和用电设备存在的安全隐患（如：线缆温度异常、短路、过载、过压、欠压及漏电等），有效防止电气火灾的发生。

16.危险有毒气体监控预警

危险有毒气体监控预警系统针对易燃气体、易爆气体、有毒气体、粉尘等进行实时在线监控分析，形成直观结果，对有可能发生的危险进行预警。使管理人员掌握危险有毒气体实时动态信息，并能查询危险气体在一段时间内的变化动态，对可能引发危险事故的因素进行排除，把危险控制在始发阶段。

第五章　建设工程智能化管理机制研究

第一节　建设工程智能化管理机制综述

一、现状、问题及原因分析

随着我国信息化和智能化技术的发展与深度应用，大型复杂建设工程将成为趋势，构建依托信息化与智能化手段的工程管理模式已迫在眉睫。应用信息化和智能化技术，加强主管部门和建设主体对建设工程的监督管理，特别是加强以"云、大、物、移、智、链"为代表的大型工程建设的监督管理，能大大节约工程成本，提高工程质量并尽可能地避免风险。粗糙的监督管理不但有较大风险，还会大大增加成本。传统工程监督管理方法已经不适用智慧工程建设监督管理需求，探索新的以信息化和智能化为辅助监督管理手段的项目管理方法十分迫切。我国的建设工程虽然发展了很多年，但是实现对建设工程的监督管理却起步很晚，应用信息化技术对建设工程进行主动和有效监督管理的水平较低，不能保证项目建设的顺利完成，仍存在以下主要问题：

（1）建筑智能化工程管理技术在我国起步较晚，行业主管部门利用智能化技术对建设工程进行监督管理尚未完全推行，行业主管部门和大多数建筑企业受传统管理形式的影响，对智能化建设工程的认识相对偏少，未进行深入分析与研究。

（2）在智能化工程管理过程中设计定位不尽明确而引起的诸多弊端也日益显现，建筑设计依据偏离工程自身要求与使用的目的性，并且在建筑设计过程中，工程的规划与布局设计缺乏一定的科学合理性，不能做到从整体角度出发，全局性、整体性以及效益性不能完全做到统一，导致建设工程中各环节之

第五章 建设工程智能化管理机制研究

间的关联性较薄弱或脱节，不仅导致设计方案与实际实施存在差异性，同时对建设工程的顺利完成起到了一定的阻碍性作用。

（3）建设工程管理具有综合性、复杂性特点，期间会出现诸多影响因素，对建设工程的质量、成本以及建设进度等均会产生影响。信息管理在建设工程管理中的影响价值较高，但是当前很多建设单位未能够认识到信息管理的重要价值，信息管理技术相对比较落后，不同阶段的信息未能够及时得到归纳与整理。在信息混乱的情况下，则难以保证建设工程管理中信息的准确性，更无法发挥信息管理的价值。

（4）从当前建设行业的管理人员配置现状来看，管理人员大多学历偏低，缺乏专业管理知识以及管理技术，致使这一局面形成的很大原因来自建设工程企业自身，企业进行员工招聘时，未制定严格的选人标准，大量非专业人员流入企业管理部门，在一定程度上拉低了管理人员整体素质水平，并且在人员分配以及岗位职责等方面未进行明确划分。这种管理现状不利于工程施工进度的完成，且工程质量难以得到有效保障。

二、法律法规政策规定和要求

住房城乡建设部于2016年发布的《2016—2020年建筑业信息化发展纲要》（以下简称《纲要》）包括以下几方面亮点：第一，《纲要》反复强调集成的重要性，提出信息化技术要覆盖建筑产业的各个领域以及BIM与大数据、智能化、物联网、GIS等多种信息技术的集成应用，"BIM＋"融合趋势明显，强调要从行业监管、勘察设计到总承包、分包企业全方位应用信息化，实现从设计、建造到运行维护阶段的数字化交付和全生命周期信息共享，推进信息技术与企业管理深度融合，创新商业模式，增强核心竞争力，实现企业跨越式发展。第二，《纲要》明确提出，要加强信息技术在工程质量安全管理中的应用，建立统一的工程项目质量与生产监管信息系统平台。第三，《纲要》提出，鼓励推进管理信息系统升级换代，建立基于BIM的项目集成管理。

三、技术应用趋势及典型做法

（一）技术应用趋势

我国的建设工程智能化管理发展起步较晚，伴随着社会、国民经济和信息化的发展，智能化的应用逐步成为人们日常生活的一部分，从而推动了建设工程智能化的迅速发展。各级政府主管部门利用信息化技术，设计开发相应系统，进而提升自身工作效率。政府监管不仅具有强制性、全面性、宏观性等特征，还通过全方位、多层级的监管助力工程建设质量的提升。另一方面，利用信息化技术开发自动化仪器及信息系统以辅助施工作业。但目前国内尚未着力于智能化平台的体系建设，既缺乏顶层设计，又缺少与政府主管部门强化质量监管的制度建设产生协同效应，不同程度上存在"信息孤岛"问题，无法实现有效联动；相关质量监管链条缺失，较难实现工程质量形成及检测的全过程无缝闭合监管；管理平台数据标准规范不统一，监管体系完整度不够等问题。

多年来，我国北上广等一线城市相继完成一批集成度水平相当高的智慧工程项目，包括建设工程规划许可和招投标智能化管理、建设工程设计审图智能化管理、建设工程质量智能化管理、建设工程安全智能化管理与建设工程智能化维护。通过智慧工程的建设不仅可以促进工程建设管理内部生产关系的转型升级，完成与"互联网＋"社会生产力的和谐对接，还能进一步释放员工的创新创效活力，为工程建设管理提供可持续发展的源动力。

目前建设工程智能化管理逐步转型，向以下几个方面发展。一是多种新兴信息技术与传统建设项目管理方法的结合。传统建设项目管理不具备自主完善、自动感知变化、始终维持最优状态的能力，而智慧建设理念融合多项新兴信息技术于管理中，使项目管理具备学习和自治的反应机理。二是从单一管理目标的实现向多目标同时实现发展。与传统建设项目管理相比较，融合应用了新兴信息技术的智慧工程建设管理，将更容易实现多参与方协同和全生命周期管理，从建设项目的整体角度出发，同时实现综合目标的管理效果。三是相关参与方间信息流结构的改变。所有信息集中于一个公共网络，提高资源使用效率，使项目运行更为有效，实现相关参与方间的信息交互和共享，满足不同参与方的信息和功能需求。

（二）典型做法

1.基于BIM的现场施工管理

基于BIM的现场施工管理是利用BIM技术，并借助移动互联网技术实现施工现场可视化、虚拟化的协同管理。在施工阶段结合施工工艺及现场管理需求，对设计阶段施工图模型进行信息添加、更新和完善，以得到满足施工需求的施工模型。依托标准化项目管理流程，结合移动应用技术，通过基于施工模型的深化设计，以及场布、施组、进度、材料、设备、质量、安全、竣工验收等管理应用，实现施工现场信息高效传递和实时共享，提高施工管理水平。

2. 基于大数据的项目成本分析与控制

基于大数据的项目成本分析与控制是利用项目成本管理信息化和大数据技术，更科学和有效地提升建设工程项目成本管理水平和管控能力。通过建立大数据分析模型，充分利用项目成本管理信息系统积累的海量业务数据，按业务板块、地区、重大工程等维度进行分类、汇总，对"工、料、机"等核心成本要素进行分析，挖掘出关键成本管控指标并利用其进行成本控制，从而实现工程项目成本管理的过程管控和风险预警。

3. 基于云计算的电子商务采购

基于云计算的电子商务采购是通过云计算技术与电子商务模式的结合，搭建基于云服务的电子商务采购平台，针对工程项目的采购寻源业务，统一采购资源，实现企业集约化、电子化采购，创新工程采购的商业模式。平台功能主要包括采购计划管理、互联网采购寻源、材料电子商城、订单送货管理、供应商管理、采购数据中心等。通过平台应用，可聚合项目采购需求，优化采购流程，提高采购效率，降低工程采购成本，实现阳光采购，提高企业经济效益。

4. 基于互联网的项目多方协同管理

基于互联网的项目多方协同管理是以计算机支持协同工作（CSCW）理论为基础，以云计算、大数据、移动互联网和BIM、GIS等技术为支撑，构建的多方参与的协同工作信息化管理平台。通过工作任务协同管理、质量和安全协同管理、图档协同管理、项目成果在线移交和验收管理、在线沟通服务，解决项目图档混乱、数据管理标准不统一等问题，实现项目各参与方之间信息共享、实时沟通，提高项目多方协同管理水平。

5. 基于物联网的项目动态管理

基于物联网的项目动态管理是综合运用物联网技术、全球卫星定位技术、视频监控技术、计算机网络技术，对施工现场的设备调度、计划管理、安全质量监控等环节进行信息即时采集、记录和共享，满足现场多方协同需要，通过数据的整合分析实现项目动态实时管理，规避项目过程各类风险。

第二节　建设工程规划许可智能化管理机制

一、现状、问题及原因分析

（一）概述

建设工程规划许可是城乡规划主管部门根据《中华人民共和国城乡规划法》及其他法律法规、技术规范对所在城市、镇规划区内各项建设工程进行组织、控制、引导和协调，审查建设工程详细规划、设计方案等，使其符合城乡规划有关要求，核发建设工程规划许可证的行政行为。建设工程规划许可证是建设工程办理《建设工程施工许可证》，进行规划验线和验收、商品房销（预）售、房屋产权登记等的法定要件，确认有关建设活动的合法地位，保证有关建设单位和个人的合法权益。

（二）现状分析

建设工程规划许可程序分为批前审查、审批和批后核实阶段，每个阶段又有若干环节。目前的建设工程规划许可程序主要包括以下几个步骤：

（1）规划部门根据建设单位的申请，组织建筑设计方案技术审查，当日向并联审批部门发放《建筑设计方案并联审批办理通知书》。

（2）各并联审批部门收到通知书后，在规定时间内提出审查意见，签署《建筑设计方案并联审批审核意见书》反馈规划部门。

（3）规划部门收到并联审批部门意见书后，在规定时间内完成方案审查和施工图纸审核。如方案需要修改，应提出修改意见，由建设单位修改后重新报建；如方案得到批准，建设单位申请建设工程规划许可证。

（4）规划部门受理建设工程规划许可申请，告知建设单位一次性填报表格，提交相关材料，当天向消防、人防、气象、市容、房管等并联审批部门发放《建设工程规划许可并联审批办理通知书》，并转交有关申报材料。

（5）各并联审批部门在规定时间内审批办结，签署《建设工程规划许可并联审批审核意见书》反馈规划部门，抄告建设单位。

（6）规划部门根据并联审批部门意见书，在规定时间内完成现场放验线，核发《建设工程规划许可证》。

目前，建设工程规划许可存在的主要问题包括以下几个方面：

一是在批前审查阶段，涉及多个部门，但有时有些部门的审查工作并不到位，提供审查意见不及时，内容不明确、不具体、不全面甚至错误，此外，审查意见的提供方式也不尽规范，有些仅限于口头方式，致使规划审查难以把握。

二是在审批阶段，由于各部门在多个环节中均对建设工程设有行政审批事项，且均将各自的行政审批结果设置为规划审批的前置条件，为规划审批设置了过多的门槛，导致建设单位因审批程序而在各部门之间反复奔波，费时费力，大大影响了规划部门建设工程规划许可的工作进度。

三是在初步设计和施工图设计乃至核发《建设工程规划许可证》之后，消防审查提出的有些修改意见涉及对各部门已审定的施工图进行调整，增加了建设单位和各部门因设计调整需重新审查审批的工作量和难度。

出现上述状况，主要是由于目前的建设工程规划许可工作多以人工审核为主，工作效率相对较低，此外，各相关部门独立审核，缺乏协同效应，迫切需要采取信息化、智能化技术提高建设工程规划许可的工作效率。

二、法律法规政策规定和要求

《中华人民共和国城乡规划法》第四十条指出："在城市、镇规划区内进行建筑物、构筑物、道路、管线和其他工程建设的，建设单位或者个人应当向城市、县人民政府城乡规划主管部门或者省、自治区、直辖市人民政府确定的镇人民政府申请办理建设工程规划许可证。申请办理建设工程规划许可证，应当提交使用土地的有关证明文件、建设工程设计方案等材料。需要建设单位编制修建性详细规划的建设项目，还应当提交修建性详细规划。对符合控制性详细规划和规划条件的，由城市、县人民政府城乡规划主管部门或者省、自治区、直辖市人民政府确定的镇人民政府核发建设工程规划许可证。城市、县人民政府城乡规划主管部门或者省、自治区、直辖市人民政府确定的镇人民政府应当依法将经审定的修建性详细规划、建设工程设计方案的总平面图予以公布。"

三、技术应用趋势及典型做法

（一）技术应用趋势

信息化建设是推进建设工程规划许可工作公开透明、科学规范、高效运作的重要支撑。随着信息技术和互联网技术的快速发展，建设工程规划许可管理信息化、智能化建设迫在眉睫。

建设工程智能化管理

为贯彻落实党中央、国务院关于推进政府职能转变、深化"放管服"改革和优化营商环境的要求，2019年4月18日，自然资源部起草了《关于推进建设用地审批和城乡规划许可"多审合一"改革的通知（征求意见稿）》，指出要优化建设工程规划许可，落实工程建设项目审批制度改革的要求，支持市、县自然资源主管部门推行建设工程设计方案联合审查机制，将可以用征求相关部门意见方式替代的审批事项，调整为政府内部协作事项，各相关部门不再单独进行审查。对用地要求明确、规划条件确定的项目，带建设工程设计方案出让土地的项目，用地预审后选址和规模等无变化的项目，支持市、县自然资源主管部门探索将土地供应、建设用地规划许可证和建设工程规划许可证同步办理。

（二）相关省市典型做法

安徽省城乡规划主管部门以实现城市规划信息化为目标，自2011年4月起开展"安徽省城市规划许可管理系统"的研发、运行工作，2015年7月进行了系统升级，建成了全省城市规划许可信息平台，实现领取证书的申请、台账上报、证书自动套打、证书信息统计、二维码防伪、建设项目用地红线比对等功能。

系统使用后，将散落的规划信息进行"激活"，变单个的静态数据为海量动态数据库，对其进行适时更新和维护，实现对城市用地规划实施情况的动态管理，包括对城市用地范围、规模的控制检测，以及城市各类用地布局、范围和性质是否改变等情况的检测。不仅强化了规划实施的事前、事中、事后监管，确保规划刚性内容执行到位，而且从总体规划的源头进行合理纠偏，对全省县市的城市总体规划进行动态维护。

第三节　建设工程招标投标智能化管理机制

一、现状、问题及原因分析

为进一步规范招标投标工作流程，提高招标投标工作效率以及降低招标投标成本，商务部于2001年率先启用了电子招标投标系统。近年来，国家各部委和各地方行政管理部门相继出台了关于电子招标投标的法律法规，大力支持和推广招标投标信息化建设，且已经初步取得了一些成果。2013年5月1日，我国开始实行《电子招标投标办法》，为招标投标信息化管理提供了制度基础。在此基础上，各地方也相继出台了各种规章制度，开始实行电子投标和电子评标。

电子招标投标在提高工作效率、降低评标舞弊等方面确实起到了很好的效果，但是传统的电子招标投标，在实际操作过程中还存在以下几方面的不足：

一是电子招标投标仍然是以阅读静态的文字和图片为主，评审劳动强度大、工作效率低，评审过程中需要依赖较强的个人专业素养和工程经验，评审效果主观性强，对评委管理较难，无法很好地避免招标投标过程中的违法违规问题。

二是标书文件的各个部分是彼此关联的，传统的电子招标投标中缺乏将彼此关联信息集成的平台，评审过程无法联动，如技术方案和经济方案等，需要统筹关注和综合考虑，但是传统的手段在这方面难以达到理想的效果，这一不足在设计施工一体化评审项目中更为突出。

三是全过程信息无法贯通，各环节信息互联互通不够、信息共享不充分，同样的信息需要多次反复引用时难以通过共享获取，信息获取效率低，在一定程度上增大了服务和监管难度。

出现上述状况，主要是由于目前的建设工程电子招标投标活动在实现电子化基础上，没有实现全过程的信息化关联，导致信息互相割裂，降低了工作效率、提高了工作难度。简而言之，就是没有实现建设工程电子招标投标全过程信息的"一纵一横"管理："横"，是从横向上实现各行政审批部门数据的在线共享和实时查询；"纵"，则是从纵向上实现项目招投标过程中所有信息的串联，实现信息在档案管理部门、审计部门和稽查部门之间的无障碍传输。

二、法律法规政策规定和要求

（1）《电子招标投标办法》（八部委令第20号）第三条指出，电子招标投标系统根据功能的不同，分为交易平台、公共服务平台和行政监督平台。交易平台是以数据电文形式完成招标投标交易活动的信息平台。公共服务平台是满足交易平台之间信息交换、资源共享需要，并为市场主体、行政监督部门和社会公众提供信息服务的信息平台。行政监督平台是行政监督部门和监察机关在线监督电子招标投标活动的信息平台。

（2）《建设工程设计招标投标管理办法》（住房和城乡建设部令第33号）第二十八条指出，住房城乡建设主管部门应当加快推进电子招标投标，完善招标投标信息平台建设，促进建设工程设计招标投标信息化监管。

（3）《关于进一步规范电子招标投标系统建设运营的通知》（发改法规〔2014〕1925号）指出，国家、省和市三级公共服务平台之间以及与其连接的交易平台、行政监督平台要按照规定实现互联互通、信息共享，并作为检测认证的重要条件，以此打破市场信息的分割封锁。鼓励具备条件的地方推动建立全省统一、终端覆盖市县的公共服务平台。

三、技术应用趋势及典型做法

（一）深圳市基于云计算的建设工程招标投标信息化

深圳市积极探索信息技术在工程招标投标领域中的应用，通过不断的业务创新和技术创新，形成了功能齐全、数据完备、应用广泛的信息化服务和监管体系，建成了专业齐全、全电子、全网络、全过程的工程建设电子招标投标系统。其中深圳市建设工程计算机自动评标系统已使得深圳90%以上进场交易的工程项目都实现了电子招标投标。

深圳市基于云平台的建设工程招标投标信息系统主要包括如下几个方面：

一是基础云平台。云计算的虚拟化技术解决了数据资源同基础硬件的分离，将数据和应用部署在虚拟服务器上，打破了传统物理设备的限制，同时提供了先进的IT资源监控、统计等智能管理手段，因此，能够大大提高云系统的可用性。

二是应用云平台。应用云平台就是将在虚拟服务器上部署的应用和数据资源进行整合和适当灵活的按需配置，用户只要通过统一身份认证，就可以自己按需定制应用列表，选择需要使用的软件应用，从而更有效地提高工作效率。

三是业务云平台。交易中心的业务云平台主要是达到对有形建筑市场各方的业务协调与沟通，整合归纳各类应用的数据，建立规范的业务数据库，形成统一的技术标准，方便日后同步管控、配置和调用，实现信息数据的互联互通和实时共享。

以上三种平台的相互协同构成一个统一的云平台体系，将整个招标投标的数据库和信息资源进行整合、规划和有序调用，实现了信息互联互通和实时共享。

（二）BIM技术在建设工程招标投标活动中的应用，为建设工程招标投标提供了新途径

一是对甲方而言。BIM技术通过信息化手段进行三维方案展示，并且通过BIM＋GIS等技术方式，实现建筑物和周围建筑的整合方案对比等，大大提升了

方案评比的可操作性，使评审结果更加客观、公正。此外，现在的工程招标投标项目时间紧、任务重，甲方招标清单的编制质量难以得到保障，而基于BIM模型的成本信息管理，可以实时获取相关动态信息，能很好地解决上述问题。

二是对乙方而言。随着现代建筑造型趋向复杂化、艺术化，人工计算工程量的难度越来越大，快速、准确地形成工程量清单成为招标投标工作的难点。采用传统的操作方法，投标方无法快速呈现设计方案，方案呈现形式也以彼此割裂的内容呈现形式为主，这可能会导致评标专家对方案的理解过于片面；此外，由于投标时间紧张，投标方可能难以发现方案缺陷。而通过BIM即时展现，投标方可以快速通过方案模拟等手段自查方案缺陷，也给评委评审打造了更加直观方便的基础。

三是对评标专家而言。由于评标专业性强，时间要求紧，评标专家往往根据自己的经验自行判断，所以评审可能会趋于片面，基于BIM的评标系统可以为专家提供直观的方案展示，专家在评审中可以对建筑物外观、内部结构、各个专业的方案等进行详细分析和对比，并且可以借助BIM方案展示，模拟整个施工过程，更加准确地评估施工方案的合理性，使评标过程更加科学、高效和准确。

四是对监管部门而言。基于BIM的招标投标使得招标投标过程更加透明、相关信息更加准确，围标串标难度进一步提升，行业数据积累和再利用更加方便、快捷，这些都会大幅度提升监管部门行政效能和监督效果，进一步引导市场良性发展。

第四节　建设工程造价智能化管理机制

一、现状、问题及原因分析

我国现行的工程造价形成于20世纪50年代，80年代以来逐步完善。由于历史原因，几乎是全盘引进苏联的工程造价概预算制度，是高度集中的计划经济体制的产物。在相对稳定的计划经济环境里，概预算制度为核定工程造价、帮助政府进行投资计划方面发挥了重大作用。但随着我国经济的发展，在现今社会主义市场经济环境下，已经形成比较完备的概预算定额管理体系。由于建设工程投资系统管理概念还不完善，投资管理的各个阶段相互脱节，导致普遍出现工程投资损失、浪费情况：一是人工、材料和机械单价表动态更新相对困难，目前各地发布的材料单价都是普通的材料品种，专业性强的材料单价要调查准确相当困难，而专业定额要用到很多专业材料，这是目前定额动态调整周期较长的原因之一。二是在实际建设工程造价控制上，建设单位忽略对整个建设工程造价做有效控制，出现造价控制片面情况。三是建设单位侧重于成本控制和结算审计，忽略了质量及建设项目工期的控制，以及建设工程事前和事中的控制。

二、法律法规政策规定和要求

（1）《中华人民共和国建筑法》对施工许可、建筑施工企业资质审查和建设工程发包、承包、禁止转包，以及建设工程监理、安全和质量管理的规定，也适用于其他专业建设工程的建筑活动。

（2）《中华人民共和国招标投标法》规定，在中华人民共和国境内进行建设工程项目（包括项目的勘查、设计、施工、监理以及与工程建设有关的重要设备、材料等采购），必须进行招标。

（3）《中华人民共和国价格法》规定，国家实行并完善宏观经济调控下主要由市场形成的价格机制。价格的制定应当符合价值规律，大多数商品和服务价格实行市场调节价，极少数商品和服务价格实行政府指导价或者政府定价。

（4）《中华人民共和国土地管理法》是规范我国土地所有权和使用权、土地利用、耕地保护、建设用地等行为的法律。

（5）《建设工程施工发包与承包计价管理办法》（建设部第107号令）规定，实行招标发包的招标人与中标人应当根据中标价订立合同。不实行招标投标的工程，在承包方编制的施工图预算的基础上，由发、承包双方协商订立合同。

三、技术应用趋势及典型做法

（一）技术应用趋势

一是树立建设工程全过程造价管理观念，管理人员要根据建设工程实际情况，将有效的造价管理方法实施到整个工程中，从而有效降低成本，使建设单位获得最大经济效益。二是对建设工程质量和工期进行控制。在建设工程项目实施的过程中，工期的长短直接影响到建设工程项目的造价，工期越长，成本支出就越多，因此，造价管理人员应对工期进行有效管理，尽量减少成本开支。此外，还要注重建设工程质量，减少后期维护费用，促进长远发展。三是建设造价管理机制。梳理全员进行建设工程项目造价管理的概念，建立一套科学的造价管理机制，贯穿建设项目的整个实施阶段。建立一个促进建设工程造价互动、协调、反馈的机制，使其对建设工程造价进行动态控制。委托造价管理机构对建设工程全过程造价进行统一管理，使工程造价控制工作顺利进行。

（二）典型做法

以江苏省为例，一是2001年成功采用电子表格编制了《全国统一市政定额江苏估价表》全套8册，提出了在网上发布动态电子表格定额的设想，并做了实验网站。二是2003年进行Excel 2000在工程造价管理中的应用研究，阐述了电子表格在工程造价动态管理方面的各种应用，提出了用电子表格取代各种不同数据格式预算的软件，统一数据格式的设想。三是用电子表格编制了《江苏市政工程计价定额》(2014版全套八册)、《江苏省市政工程估算指标》(2017版)、《江苏省市政工程估算指标》(2019版)、《江苏省城市地下管廊工程计价定额》(上、中、下册)等。

第五节　建设工程施工图审查智能化管理机制

一、现状、问题及原因分析

施工图审查是指建设主管部门认定的施工图审查机构按照有关法律法规，对施工图涉及公共利益、公众安全和工程建设强制性标准等内容进行审查。施工图审查是政府主管部门对建设工程勘察设计质量监督管理的重要环节，是基本建设必不可少的程序。

经过十多年的实践，施工图审查制度对保证工程勘察设计质量安全发挥了巨大作用。但是，我们也看到，传统的房屋建筑施工图审查需要报审多个部门，比如要经历消防设计审核、人防专项审查、传统建筑施工图审查三个主要环节，建设单位需要重复提交三次图纸及相关材料，并且一套施工图多部门分头审查，往往存在审查流程长、审查效率低、审查成本高等诸多问题，直接导致建设周期拉长、建设成本增加。

出现上述状况，主要是由于目前的建设工程施工图审查在多部门联审方面存在不足，数据信息彼此割裂，不利于工作效率的提升，迫切需要进一步改革完善工作机制，加强信息化建设，通过大数据、云计算等手段，不断提升施工图审查工作的效率。

二、法律法规政策规定和要求

住房城乡建设部2013年4月27日印发的《房屋建筑和市政基础设施工程施工图设计文件审查管理办法》（住房城乡建设部令第13号）指出，施工图审查，是指施工图审查机构（以下简称审查机构）按照有关法律、法规，对施工图涉及公共利益、公众安全和工程建设强制性标准的内容进行的审查。施工图审查应当坚持先勘察、后设计的原则。施工图未经审查合格的，不得使用。从事房屋建设工程、市政基础设施工程施工、监理等活动，以及实施对房屋建筑和市政基础设施工程质量安全监督管理，应当以审查合格的施工图为依据。

住房城乡建设部2018年12月印发《全国房屋建筑和市政基础设施工程施工图设计文件审查信息系统数据标准（试行）》，标准包括适用范围、基本规定、施工图审查机构信息、施工图审查人员信息、工程项目信息、施工图审查信息、标准指标解释、基础数据字典表等八个方面内容，是施工图审查信息系统建设技术方面必须遵循的。

三、技术应用趋势及典型做法

（一）烟台施工许可容缺图纸审查机制

山东省烟台市持续深化"放管服"改革和优化营商环境，紧紧抓住体制机制创新这个关键，首创施工许可容缺图纸审查机制，实现了施工图审查与基坑开挖、桩基施工同步进行的"承诺式审批"。自2018年10月以来，烟台市已有87个项目取得了容缺受理资格，45个项目实现容缺开工，与传统审批方式相比，开工时间大幅提前，项目建设工期有效压减，为提高项目建设速度、减轻企业负担带来了实实在在的红利。

（二）南京市开展施工图设计文件数字化审查

南京市出台《开展施工图设计文件数字化审查（试行）工作的通知》（宁建科字〔2018〕510号），要求自2019年1月1日起，全市范围内房屋建设工程和市政基础设施项目施工图设计文件审查，以及消防设计、人防设计等技术性文件统一审查全面实行数字化审查方式，不再单独受理纸质件材料申报。在此之前，鼓励各单位采用电子件方式进行申报。

第六节　建设工程质量智能化管理机制

一、现状、问题及原因分析

我国建设工程质量监督管理制度自1984年实施以来，随着改革开放的不断深入，市场经济体制的日益完善及各项技术水平的提高，各级建设主管部门在工作实践中，强化机制和队伍建设，提升技术和管理水平，推动工程质量监督事业飞速发展。

（一）工程质量监督机构不断完善

自1984年实施工程质量监督管理制度以来，监督机构的队伍不断发展壮大，建设工程质量得到全面提高，整个建筑行业正有序、健康地发展。随着改革开放不断深入和国民经济不断发展，各级建设行政主管部门不断完善工程质量监督工作，已经形成省、市、县三级工程质量监督体系，保障工程质量监督管理工作有序推进。

（二）工程质量监督机制更加健全

为了更好地开展工程质量监督工作，只有工程质量监督机构监督管理还远远不够，还需要进行专业的工程质量检测工作。各级建设主管部门根据国家有关法律、法规、工程建设强制性标准和设计文件要求，成立工程质量检测机构，并普遍建立质量检测实验室，主要对建设工程的材料、构配件、设备以及工程结构、使用功能等进行检测试验和质量评估。质量检测机构配备必要的检测设备、仪器以及专业检测人员，并由质量技术部门进行计量认证审核，确保监督工作的严谨性、科学性。

（三）工程质量检测水平不断提高

随着建筑科技发展以及工程技术水平提升，工程质量检测工作日趋规范化。工程质量监督的手段除了采用眼睛看、用手敲和常用工程测量仪器外，近些年增加了便携式检测仪器设备，或者通过购买服务的方式委托第三方检测机构对建筑原材料、构配件、主体结构、使用功能、环保性能等实施监督抽测。

（四）加强工程质量监督法治保障

随着建筑业的不断发展，其法制化建设也在不断发展中日益完善。国家启动了《中华人民共和国建筑法》《建设工程质量管理条例》等法律法规，住房城乡建设部等部门先后颁发了《建设工程质量监督条例》《建设工程勘察质量管理办法》《工程质量监督工作导则》《建设工程质量检测管理办法》等法律规范文件，各地省、市、部门也制定了地方性的法规。各级质量监督机构也建立了相应的监督程序、制度和规章。一系列的工程质量监督管理法律、规范文件，进一步明确了工程质量监督的法律地位，保障了监督工作的有效进行。

目前我国工程质量监督的具体工作是由建设行政主管部门委托给工程质量监督站来实施，在性质上是委托关系，行政上是上下级关系，纵向由政府监督、行业管理、企业负责三个基本面组成，横向由建设五方主体单位（勘察、建设、设计、施工、监理单位）按照相应法律、法规、规章制度、标准等规范性文件履行各自的质量管理责任。

我国工程质量监督机构性质为县级以上地方人民政府建设行政主管部门书面委托的，并定期接受建设行政主管部门考核合格，具有独立法人、财政全额拨款的事业单位，它依法代表建设行政主管部门实施强制监督。对工程实施质量监督行为有政府的行政执法属性，但工程质量监督机构无行政执法主体资格。

当前我国工程质量监督的方式有两种：一种是对施工工程质量随机抽查，即定期、不定期地随时、随地、分阶段监督抽查；另一种为依法监督工程竣工验收。工程质量监督机构采取的措施主要是下发工程质量隐患整改通知或者工程质量隐患停工整改通知书。对存在违法违规行为或拒不停工整改现象报告建设行政主管部门建议行政处罚，见图5.6.1。

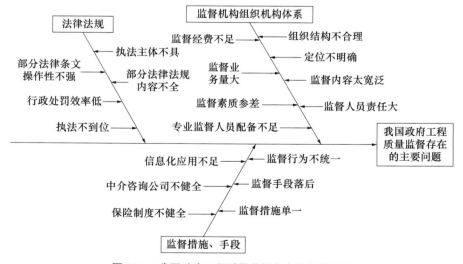

图5.6.1　我国政府工程质量监督存在的主要问题

二、法律法规政策规定和要求

（一）法律体系

建设工程质量法律体系是指国家为确保建设工程质量，维护社会公共利益制定的各种法律、法规、规章和规范性文件的总和，见图5.6.2。

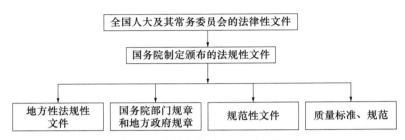

图5.6.2 我国建设工程质量法律体系

我国建设工程质量法律体系文件按照名称、制定颁布部门、主要法律名称，经过分类归纳见表5-1：

我国建设工程质量法律体系文件

表5-1

名称	制定颁布部门	主要法律
法律	全国人民代表大会及其常委会	《中华人民共和国建筑法》等
行政法规	国务院制定，由总理签署国务院令公布	《建设工程质量管理条例》《民用建筑节能条例》等
地方性法规	由省、自治区、直辖市以及较大的市的人民代表大会及其常委会制定，由大会主席团或常务委员会发布公告予以公布	《广西壮族自治区建设工程质量管理条例》等
国务院规章	住房和城乡建设部在本部门权限范围内制定，由部长签署予以公布	《房屋建筑和市政基础设施工程质量监督管理规定》《实施工程建设强制性标准监督规定》《建设工程质量检测管理办法》等
地方政府规章	省、自治区、直辖市和较大的市的人民政府制定，由省长、自治区主席、市长签署命令予以公布	《广西散装水泥管理规定》等
规范性文件	除法律、法规，规章以外的国家机关在职权范围内依法制定的具有普遍约束力的文件	《工程质量监督工作导则》《房屋建筑和市政基础设施工程竣工验收规定》《广西壮族自治区房屋建筑和市政基础设施工程质量安全监督管理规定》等
标准、规范	由行业制定并由公认机构批准	《建筑工程施工质量验收统一标准》《混凝土结构工程施工质量验收规范》

建设工程智能化管理

上述法律、法规规章的效力是：法律的效力＞行政法规的效力＞部门规章的效力。

（二）管理体系

当前我国建设工程质量监督的行政管理体系主要特征为：上级行政主管部门的工程质量监督机构只对下一级监督机构有业务指导的责任，同级建设行政主管部门与其监督机构是委托关系，而只有市、县级监督机构开展具体的工程质量监督工作，见图5.6.3。

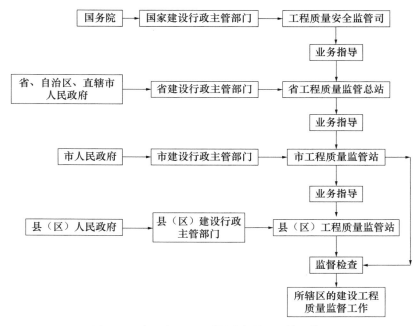

图5.6.3 我国建设工程质量监督的行政管理体系

三、技术应用趋势及典型做法

（一）技术应用趋势

伴随着信息技术的进步与发展，基于建设工程实际需要，建设工程质量安全监督信息化管理建设获得了快速发展。目前全国的质量安全监督机构基本都已创建了动态监管平台信息化管理系统。建设工程质量安全监督的动态监管信息化系统，以工程质量安全监督管理为目标，以工程建设质量安全现状为主线，通过监管系统平台将工程参建各方责任主体（建设、勘察、设计、施工、监理、检测单位）质量安全行为纳入统一管理。

1.健全监督档案，实施对各责任主体的动态监管

建设工程报建、施工、验收、保修等相关质量安全信息内容，监督工作的标准化、规范化内容，国家标准、规范，各责任主体的质量安全行为等大量信息得到有效存储和快速查询。指导和帮助监督人员更好更有效地对各责任主体的质量安全行为实施有效监督与管理。

2.促进建设工程项目现场与监督机构无缝对接

通过项目施工现场安装远程监控系统的动态监管监督平台，监督人员结合施工现场巡查起到全方位、全过程监督管理工作的作用。利用动态监管平台，现场监督人员在完成执法活动后，通过移动终端设备，直接将执法记录等上传，最大限度杜绝监督人员人为因素。监督机构能及时、完整、准确地进一步监督管理工作，使工程质量安全监督工作公正性、透明性得以提高。

质量安全监督机构应充分利用"云计算""互联网＋""移动技术"建立质量安全监督动态管理系统，加强对质量安全的动态管理，及时上传更新信息系统数据，推进监督执法标准化、动态量化，进一步优化完善质量安全监管信息化平台功能，加强对一线工程质量监督人员的培训。强化市场和现场联动，将工程质量安全监管动态量化纳入诚信评价，不断创新工程质量安全监督制度、方法、手段，开创建设工程质量安全监督工作新局面，提高质量安全监督水平。

（二）典型做法

2002年住房和城乡建设部统一部署建设"全国建筑市场监督管理信息系统"之后，在全国掀起了一波质量监管信息化建设高潮。国内部分城市已经成功建设运行建设工程质量监督管理系统。

上海市逐步推广应用了"数字工地"建设工程质量监督管理信息系统，该系统利用互联网和平板电脑，应用现代化信息采集、传输、处理技术和自动化控制技术对施工现场进行动态、实时、客观的监督控制，大大提高了工程质量安全监督效率。

江苏省住房和城乡建设厅自2013年起联合移动运营商，利用LBS手机定位方式，落实住房城乡建设部关于项目负责人带班的有关制度，对施工现场关键岗位人员的到岗履职情况进行考勤管理。

深圳市建设工程质量监督总站应用斯维尔质量监督3G移动执法平台，实现现场实时执法和信息即时上传，有效解决了执法人员信息采集二次录入问题。

广州市针对材料检测过程中出现的问题，为防止混凝土试块人为造假现象的发生，开发了质量检测监管信息平台和混凝土质量追踪与动态监管系统，将物联网技术应用于混凝土检测监管工作。该系统通过在混凝土试块中植入芯片，实时追踪混凝土试件从施工现场到检测实验室的运输情况，杜绝混凝土试块造假问题。

湖北省宜昌市开发并推行了建设行业综合监管系统。该系统的使用和操作对被管理者，即责任主体和相关机构开放，除了质量监督机构人员能够在系统中完成工程报建登记、工程监督任务分配（委派）、监督计划制定、现场监督实施、资料审核、竣工验收备案等全过程监督工作信息化，还支持责任主体和相关机构通过系统上传工程报建资料、现场整改资料、材料进场登记信息、现场见证取样信息、第三方检测数据等相关质量信息。大量信息通过物联网技术自动采集并上传，监督人员通过系统能够及时、准确地获取施工现场的相关信息，大大提高了监督管理效率。

第七节　建设工程智能化安全管理机制

一、现状、问题及原因分析

安全生产是从业人员生命和健康的基本保证，国家历来对此十分重视。改革开放以来尤其是近十年，国家越来越重视安全生产工作，国务院也早在2004 年就颁布了《关于进一步加强安全生产工作的决定》（国发〔2004〕2号），并在此基础上提出了全面的符合中国国情的监督管理体制，即由政府统一领导，相关业务职能部门依法监督，各类企业全面负责，广大群众积极参与监督，社会各界广泛大力支持的齐抓共管的局面。

在我国建筑领域，施工企业如果并不具备法律规定的安全生产条件，是没有资格向有关政府部门申请、办理安全生产许可证和施工许可证等证件的，当然也就没有资格继续持证开展生产经营活动。当前，我国各省、自治区和直辖市，为加强建筑安全生产监督工作，都已成立了综合或专门实施建筑安全生产监督管理工作的相关部门，综合监管与行业监管都能够发挥各自的作用，因此，从一定程度上来说，"纵向到底，横向到边"的建筑安全生产监督管理模式在我国已初步形成。

近年来，虽然我国建筑业安全管理水平不断提高，但重大建筑安全生产事故仍时有发生，经济损失和人身伤亡巨大，社会影响极坏。造成建筑安全生产事故频发、监管形势严峻的因素有很多，其中建筑安全生产监督管理主体职责规定不清、建筑安全生产监管执法不严等是不可忽略的重要原因：一是安全监督管理体制不健全。我国很多建设施工单位都不重视监管体系，认为这只是工程的附属品，并不按照规范流程来进行建筑施工，大部分企业只关注工程的效率和进度。这种现象导致安全监督管理工作无法真正起到监督的作用，施工过程中缺乏安全监督的意识，造成了表面监管的形式。特别是贫困县，财政能力较弱，经费的问题间接影响了监管队伍的稳定发展。二是安全监督管理人员培训不足。随着工程建设的迅猛发展，安全监督新知识越来越多，技术含量越来越高，新情况接踵而来，监督工作就变得更加困难。在建筑安全监督管理工作中，如果没有树立良好的监督意识，就会导致监督人员工作散漫，监督力量薄弱，不能发挥安全监督管理的真正作用。大部分建筑施工单位缺乏相关的监督管理人才，施工中仍按照旧方法，对施工环节做得不到位，导致监管工作不能顺利开展，极大增加了施工安全事故的发生率。三是安全监督管理法律体制不完善。目前，我国对施工监督管理的条例以及违法的处罚都不够清晰明确，这是造成安全监督管理法律体制不完善的主要原因。近年来，不明确的处罚导致安全责任制度落实不到位，需要我们在实践中进一步完善和发展。当前最严重的一个问题就是大量建设单位不按照法律去执行监督工作，不按照程序处理问题，有的施工单位签订"黑暗合同"，拖欠工资，这都是导致安全生产防护力量较弱的原因。怎样去克服这些问题，成为施工人员的一个重大难题。除此之外，部分施工单位片面地追求经济利益，忽视了自己原有的责任。建设工程单位缺乏管理意识，造成施工过程中出现混乱的局面，有的企业安全监理责任制落实不到位，导致设备和制度上都出现安全隐患，阻碍了建设工程安全监督管理的发展。再加上一些历史因素，我国建筑工程安全监督管理工作还没有被广泛认可，大量监管人员只使用检查、验收等老方法，不尝试新技术，导致整个监督过程进展缓慢。

二、法律法规政策规定和要求

（一）法律体系

我国建设工程安全监督管理的基本法律包括，《中华人民共和国劳动法》

《中华人民共和国安全生产法》《中华人民共和国建筑法》《建设工程安全生产管理条例》。2002年11月初，我国颁布了第一部《中华人民共和国安全生产法》，其中，强调了安全生产的重要性，还提出了"三同时"和"四不放过"的原则。2014年，中华人民共和国第十二届全国人民代表大会常务委员会第十次会议对《中华人民共和国安全生产法》进行了一次修改，完善了"三同时"制度，并补充了安全文化建设内容、安全事故应急救援的规定。2004年2月1日《建设工程安全生产管理条例》颁布，其在《中华人民共和国建筑法》规定的建筑安全生产管理的基础上，更详细地规定了各参建主体应承担的安全管理职责，也使得建设工程监督管理部门的监管责任更加有法可依。各地纷纷将安全与质量管理分开来，并成立相应的安全监督部门和质量监督部门。

（二）管理体系

当前，我国安全监督管理体系是由政府监督、行业监督、企业负责、群众监督四个层级构成。我国的建设工程安全监管模式属于整合型监管模式，国家安全生产监督管理总局是综合监管部门，整合建设行政主管部门以及相关行业力量、工程建设各方责任主体进行监管，并协调整合相关卫生行政主管部门、劳动部门等力量，共同完成建设工程安全的政府监督。

我国建设工程安全监督管理模式为统一管理，分级负责，以行业监督为主，同时遵循属地管理和层级监督原则。国务院建设行政主管部门负责对全国建设工程安全生产监督指导；县级以上人民政府建设行政主管部门分级负责本辖区的建设工程安全生产管理；国家安全生产监督管理部门负责全国安全生产宏观监督管理工作。层级监督就是上级行政主管部门对下级部门予以业务指导和工作考核；行业管理具体指建筑和市政行业分别由各自的行业主管部门负责管理。

三、技术应用趋势及典型做法

（一）技术应用趋势

2016年8月23日住房城乡建设部印发《2016—2020年建筑业信息化发展纲要》，要求建筑企业应积极探索"互联网＋"形势下管理、生产的新模式，深入研究BIM、物联网等技术的创新应用，创新商业模式，增强核心竞争力，实现跨越式发展。在行业监管与服务信息化方面，要积极探索"互联网＋"形势下建筑行业格局和资源整合的新模式，促进建筑业行业新业态，支持"互联网＋"形势下企业创新发展。在专项信息技术应用方面，提出了大数据、云计算、物联网、3D打印和智能化五项技术。2017年2月，国务院办公厅印发《国务院办公厅关于促进建筑业持续健康发展的意见》（国办发〔2017〕19号），明确提出推进信息技术与安全生产深度融合，加快建设建筑施工安全监管信息系统，通过信息化手段加强安全生产管理。

随着现代建筑的复杂度和体量等不断增加，施工现场管理的内容越来越多，管理的技术难度和要求在不断提高。在国家各项政策的引导下，有越来越多的企业投入到智能化技术的研发和升级上。随着互联网技术迅猛发展和应用，诸如BIM技术、物联网、云技术、大数据、移动技术等软硬件技术被集成应用在施工安全生产工作中，使得施工现场信息化应用呈现出数字化、智能化、在线化和可视化等特点，建筑施工安全生产对智能化技术的需求便应运而生。

智能化技术可实现施工现场关键要素的实时、全面、重点的监督和管理，有效支持了现场工作人员、项目部管理者、企业管理者，乃至行业管理部门的项目管理工作，从而大幅提升施工全过程管控的有效性，提高施工安全管理水平。

建设工程智能化管理

（二）典型做法

1.远程视频监控管理系统

当前各地建筑业蓬勃发展，正在进行施工的建筑工地地理位置分布比较分散，施工进度不一，政府和相关的监督管理部门不容易投入足够的工作人员多频次地到现场进行监管，各地政府主管部门可以通过远程视频系统协助监管，减少人员的投入。目前国内共有24个省市建设主管部门对远程视频监控管理系统进行了推广。2006年广州市住房和城乡建设委员会印发《关于广州市建筑工地安装视频监控装置的通知》，2017年印发《广州市住房和城乡建设委员会关于全市建设工地纳入视频监管的通知》。重庆市住房和城乡建设委员会印发《关于印发"智慧工地"建设方案的通知》，对于申报智慧工地的项目一律要求设置的设备为远程视频监控子系统。上海市建设工程安全质量监督总站编制的《建设工程远程监控系统应用技术规程》自2007年10月1日起实施，2012年9月上海市印发《关于推进本市建筑工地污染防治实时监控试点工作的通知》。山西省2011年要求5年内实现施工现场视频监控，2012年12月印发《关于加快推进建筑工地远程视频监控系统建设工作的通知》，2013年

4月召开全省建筑工地远程视频监控推进会，要求在建项目实施视频监控。四川省2012年印发《关于在建设工程实行视频管理的通知》，各地市自行开发，其中成都、攀枝花等地在远程视频监控系统方面开展较好。甘肃省2011年印发《关于在生产建设重点场所和人员密集场所安装使用视频监控系统的通知》。北京市2013年印发《关于在建设工程施工现场推广使用远程视频监控系统的通知》。天津市2015年9月印发《天津市建设工程施工现场视频监控管理办法》在全市建设工程施工现场推广使用远程视频监控系统，2017年9月印发《天津市建设工程施工现场视频扬尘监控管理办法》(修订)要求全市新建工程项目均需安装视频扬尘监控设备。内蒙古自治区2012年印发《内蒙古自治区房屋建筑和市政工程施工现场远程视频监管系统建设工作实施方案》，在全区启用施工现场远程监控系统；2014年印发推行《关于全面实施施工现场远程视频监管工作的通知》。安徽省要求各地结合实际自行开展，其中芜湖、淮北等市于2012年印发《关于全面实施施工现场远程视频监管工作的通知》，要求全市建设工地从2012年4月1日起一律安装远程视频监控系统，自觉接受市容管理部门的监督管理。福建省2011年印发《关于房屋建筑和市政基础设施工程施工现场启用重大危险源远程监控系统的通知》，对达到一定规模的建筑工地实行远程视频监控，2017年4月印发《关于全面实施房建和市政工程质量安全远程视频大数据管控的通知》进一步明确细化了应该实行远程视频监控的项目。青海省自2017年3月起在全省集中连片拆迁场地和大型建筑施工现场安装视频监控设施，目的是通过在施工(拆迁)现场出入口、料堆等重点部位安装视频监控设施，实现应用视频信息网络对工程质量、安全生产和现场文明施工情况进行实时图像监控管理。辽宁省2016年印发《关于在全省建设工程施工现场安装视频监控设施的通知》在全省建设工程施工现场(含房屋建设工程、市政基础设施工程和城市轨道交通工程)安装视频监控设施。河北、山东等省自2014年开始充分运用视频监控、GPS定位治理建筑扬尘。河南洛阳、济源市等地自2014年起在施工现场重点区域安装红外高清摄像机，以视频图像监控工地安全生产、文明施工情况；湖北省部分县市如江陵县启动建设工程在线视频监控系统的建设，全力打造数字化工地，对安装监控系统的建筑工地进行现场实时监管。江苏省部分地区实施视频监控可视化系统，提高工地的信息化管理水平，逐步实现智慧工地的目标和诉求。海南省2017年9月要求建筑面积超2万平方米、工程造价5千万元或申报省级安全文明标准化(AA)示范项目、"绿岛杯"或优质结构工程项目，必须在施工现场安装远程视频监控系统，实时监控材料加工和工地全貌，进一步加强建设工程施工安全和文明施工管理。

2.基于BIM的施工安全管理系统

住房和城乡建设部于2017年5月4日发布了《建筑信息模型施工应用标准》。截至2018年9月，国内32个省市也陆续发布BIM地方标准，如上海市印发了《关于在本市推进BIM技术应用的指导意见》；北京市2014年9月1日发布了《民用建筑信息模型设计标准》；广东省2014年9月16日印发了《关于开展BIM技术推广应用工作的通知》；深圳市2015年5月4日发布了《BIM应用实施纲要》和《BIM实施管理标准》；广西壮族自治区2016年1月12日印发了《关于印发广西推进建筑信息模型应用的工作实施方案的通知》；山西省2017年11月20日印发了《山西省推进建筑信息模型（BIM）应用的指导意见》；福建省2017年12月29日发布了《福建省建筑信息模型（BIM）技术应用指南》。此外，黑龙江省、云南省、浙江省、湖南省、沈阳市、天津市、济南市、徐州市都在2016年公布了BIM地方标准。

3.危大工程地理信息管理系统

建筑施工的重大危险源结合GIS技术开发的地理信息系统目前国内还鲜有先例。广州市住房和城乡建设委员会于2015年启用广州市建设工程一张图管理信息系统（公众版），实现数据一个库、监管一张网、数据一条线的信息化监管目标，对涉及工程建设过程管理的数据、功能进行整合和优化，在一张GIS地图上实现建设工程一体化、信息化管理、推动了建筑业管理、质量安全监管、企业诚信评价等数据的互联互通。

4.基于物联网的人员实名制管理系统

各省市由政府或建设主管部门牵头开展的建筑业劳务人员实名制管理，尽管情况不一，措施不尽相同，但均具有如下特征。一是规定意见先行。无论是2006年北京市开始试行的实名制管理还是效果影响俱佳的南京市实名制管理，都是先期由政府或建设主管部门发布实名制管理的实施办法、细则等相关规定，为实名制管理从政府层面立明标杆，树好尺度。二是系统平台建设。重庆、广州、上海、南京市等均是采用全市统一的实名制管理信息系统、软件或平台，同时广州市由政府提供经认证的考勤设备供应商企业名单供采购单位选择，南京市也是配备专用刷卡机。统一的实名制信息系统或平台有利于打破企业和区域限制，便于劳务人员信息流通与共享，减少制卡信息录入等成本耗费，优化管理程序，提升管理效率，打破人员和企业信息非对称壁垒，加快建筑行业诚信体系建设。

第八节 建设工程智能化维护机制

建设工程智能化维护的主体是智能建筑，而智能建筑是指利用系统集成方法，将智能型计算机技术、通信技术、控制技术、多媒体技术和现代建筑艺术有机结合，通过对设备的自动监控，对信息资源的管理，对使用者的信息服务及其建筑环境的优化组合，所获得的投资合理，适合信息技术需要并且具有安全、高效、舒适、便利和灵活特点的现代化建筑物。建设工程智能化维护阶段即新建、改建、扩建工程建设完成后投入使用的建筑智能化维护工作。

一、现状、问题及原因分析

随着计算机、手机等互联网终端的发展与普及，将智能化系统运用于建筑管理已经逐步由奢望变成现实。建筑物智能化系统是高新技术的产物，它需要计算机、通信等多个高新技术以及设备之间的配合。通常来说，建筑智能化系统的施工工程要包含智能卡的构建、机房的构建等，这些重复杂的外在设备的构建，是为了给建筑智能化系统的使用者，即业主，提供一个舒适、快捷、方便的办公或者住宅环境，让他们充分享受到高科技带来的便利、快捷。

从实践情况来看，用户对于建筑智能化系统，普遍存在重视新建忽视后期的维修及保养工作的情况。建筑智能化系统的科技含量高，它需要一个知识含量相匹配的管理团队进行管理。我国20年的智能建筑建设培养了一大批相关技术人才，但是大部分专家都致力于智能建筑的建设前期，尚未建立对建设全过程的咨询和优化体制。只有物业管理承担着运营管理的全过程，竣工后存在的大量问题必然反馈到物业管理部门，最终由物业管理的人员去承担和解决。因此，物业管理是真正了解智能建筑各系统的建设状况、优点和缺陷的行业。

从现实来看，除极少数物业管理公司初步实现了现代化外，大部分物业管理公司都不愿意出高薪聘请具有专业知识的人员进行管理，导致很多建筑虽然建设了智能化系统，却并未达到智能化的效果，昂贵的投资常常成为摆设。因物业管理人员技术能力的限制或各系统的接口没有处理好而导致部分系统手动的状况普遍存在。

（一）建筑智能化系统维护遇到的主要问题

1.系统配置不当

智能化系统的软、硬件配置不当，施工安装不能达到设计技术指标要求，调试及运行未能按设备及系统的技术要求和参数进行。

2.工作环境不符合智能化设备的要求

智能化系统设备所处环境尘土大，不符合设备的散热环境，控制箱及控制板无防尘、防水及封闭措施等。

3.缺乏专业技术人员

物业管理的智能化系统维护人员技术知识单一，对非系统及设备控制原理一知半解，对技术性能参数了解不深入。

4.线路状态不好

智能化系统中的线路本身及敷设质量差、造成外观破损及线路连接不规范，与其他线路混敷，接地系统不完善，系统、设备线路端子引线无标识。

5.缺少技术资料

智能化的系统及设备参数说明、操作手册、调整方法、系统原理图、点位图及接线表不全，产品说明书以广告性说明居多等。

（二）建筑智能化系统维护存在问题的原因分析

（1）建筑智能化系统的施工工艺不符合要求、产品质量有缺陷等。这些原因会降低智能化系统的效果与使用寿命。建筑智能化系统的设备存在自然老化、使用性和耗用性老化、产品可靠性变差、受不良环境影响、因管理不善人为损坏等情况。

（2）对智能化系统的维护不重视。楼宇智能化的管理单位对智能化系统的管理维护不重视，没有专门的智能化系统维修资金，单位自身又缺乏操作和维护管理的专业技术人员，智能化系统出现了问题无法及时发现和排除，系统往往带病工作，最后导致重大故障，甚至全面瘫痪。各种技术文件和资料无人管理，有些已投入使用的智能化系统内业资料根本无法查找，一旦系统出现故障则无从入手。特别是综合布线系统，跳线的调整连接随意，没有按规范要求操作，未留下维护记录，长期积累以至于整个机柜的线缆混乱，后期维护需要花很大的代价。

（3）传统物业管理的体制跟不上建筑智能化的快速发展。

二、法律法规政策规定和要求

国家行业标准《建筑智能化系统运行与维护技术》（JGJ/T 417—2017）。该行业标准由住房和城乡建设部发布，自2017年10月1日起实施。适用于各类新建、扩建和改建工程中已通过检测程序达到验收质量要求并正式投入使用的建筑智能化系统。该规范填补了智能化建筑运行维护领域标准规范的空白，促进设计、施工、验收等各个环节为运行维护创造充足条件，逐步改变目前建筑智能化系统运行维护工作中存在的技术资料缺失和管理人员缺位的无序状况，对提高建筑智能化的运行效率和管理质量具有重要指导作用。

三、技术应用趋势及典型做法

在我国，建设工程智能化维护的工作一般由物业服务公司承担，物业管理行业智能化毫无疑问是当前行业发展的重要趋势，根据前瞻产业研究院发布的《2016—2021年中国物业管理行业发展前景与投资战略规划分析报告》分析，在《中国制造2025》的颁布后，物业管理设备生产商能够引入先进技术，生产出来的设备更加智能化。同时工业革命推动了智慧社区的建设和商业地区的升级，让物业管理智能化成为可能，智能化建筑集成了自动化与数字化，将大大提高物业管理行业的效率和智能化水平。物业管理系统数字化也是行业发展的趋势之一，因为数字化系统可以大幅度提高物业服务效率，让管理变得更加高效，并能够节省相关人力。

（一）技术应用趋势

智能化建筑正在逐渐改变着传统建筑管理和服务模式，特别是GIS、BIM、VR、物联网技术的创新与研发，帮助用户真正享受到智慧所带来的便捷与高效。不仅可以为用户快速提供可视化的信息，而且能够通过快捷及时的信息采集机制积累原始数据，为改进业务流程提供有效的分析与数据支撑，分析用户需求与特点，进一步优化、协调相应的资源与服务，以推进高校管理机制的优化与创新。

1.GIS技术

地理信息系统（GIS）技术结合地理学与地图学以及遥感和计算机科学，广泛地应用在不同的领域，随着组件式GIS、网络GIS、多维GIS和虚拟现实等新兴GIS技术的发展，智能建筑行业的专家和研究人员已经将GIS运用到智能建筑的很多方面。利用GIS开发出集数据管理、数据分析、图形编辑、彩色图形输出等功能于一体的物业管理系统，可快捷有效地存储、更新、操作、统计、分析和显示物业信息，及时准确地为物业管理人员提供较为全面的小区公共设施、管线信息等技术维护资料。

2.BIM技术

建筑信息模型（Building Information Modeling）通过建立虚拟的建筑工程三维模型，利用数字化技术，为这个模型提供完整的、与实际情况一致的建筑工程信息库。它具有信息完备性、信息关联性、信息一致性、可视化、协调性、模拟性、优化性和可出图性八大特点。在项目策划、运行和维护的全生命周期过程中进行共享和传递，使工程技术人员对各种建筑信息作出正确理解和高效应对，为设计团队以及包括建筑运营单位在内的各方建设主体提供协同工作的基础。

3.VR技术

虚拟现实技术是一种可以创建和体验虚拟世界的计算机仿真系统，它利用计算机生成一种模拟环境，是一种多元信息融合的、交互式的三维动态视景和实体行为的系统仿真，使用户沉浸到该环境中。简单的虚拟平台，提供建筑周边环境，供用户浏览建筑周边基础设施建设、生活服务信息。功能相对完整的三维可视化楼宇平台以建筑为中心，加入一系列人性化的功能，以虚拟现实技术作为远程设备管控、安防、消防、能效管理等业务，使传统的管理业务更加直观、高效。

4.物联网技术

物联网是指通过各种信息传感设备，实时采集任何需要监控、连接、互动的物体或过程等各种需要的信息，与互联网结合而形成的一个巨大网络。其目的是实现物与物、物与人，所有的物品与网络的连接，方便识别、管理和控制。

（二）建筑智能化系统运行维护的针对性措施

（1）提高对建筑智能化的认识，特别是维护投入方面的认识，对于建筑物智能化系统，不能仅仅重视新建而忽视后期维护及保养工作，特别是物业管理公司要对后期维修及保养工作重视起来，保管好内业资料，以备不时之需。同时，在条件允许的情况下，应当聘请专业人士对建筑智能化系统进行定期的维修及保养，以保证智能化系统能在所需的工作环境内正常运转。

（2）智能化系统单位制度要健全、管理要跟上。内部建立维护责任制和管理办法，落实责任人。做好内业资料归档分类，维护记录存放，及时更新改动记录档案，按照重点单位管理做法，建立智能化系统档案。

（3）把好源头关，审核、验收到位。对建设有建筑智能化系统的楼宇，严格按设计要求和有关的规范标准验收，同时做好内业资料的移交、清点和审核，并做好运行记录。

（4）鼓励由专业公司来实施日常巡检和设备维护服务。基于目前部分智能化产品的质保期还不长，售后服务的延续性也没有统一的行业规范和标准，建筑智能化系统正常使用中的故障频繁的实际情况，开展专业的智能化工程咨询服务及建筑智能化系统定期维护保养服务，以符合企业单位特别是中小型企业实际需要。

第六章　法律法规体系建设

第一节　法律法规体系建设的重要意义

一、坚持以习近平法治思想为指导

习近平法治思想，是党的十八大以来，以习近平同志为核心的党中央在坚持和发展中国特色社会主义的探索中，紧紧围绕新时代为什么要全面依法治国、怎样全面依法治国、如何建设法治中国等重大问题，从法治理论上做出科学回答，从顶层设计上做出战略部署，从法治实践上着力全面推进，开启了党领导人民建设法治中国的新征程，形成和发展了马克思主义法治理论，是新时代中国特色社会主义法治建设的指导方针。

党的十八届四中全会作出《中共中央关于全面推进依法治国若干重大问题的决定》（以下简称《决定》），提出了全面推进依法治国的指导思想、基本原则、总目标、总抓手和基本任务、法治工作的基本格局，阐释了中国特色社会主义法治道路的核心要义，回答了党的领导与依法治国的关系等重大问题，制定了法治中国建设的路线图。党中央做出依法治国的政治决定，在国际共运史上、在中共党史上、在人民共和国国史上，是史无前例的。《决定》把中国特色社会主义法治道路、法治理论、法治体系"三位一体"全面建设提到了全新的历史高度，使全面依法治国从理论创新、顶层设计到实践推进迈上了更高的历史起点，标志着习近平新时代中国特色社会主义法治思想正式形成，具有十分重大的里程碑意义。建设工程智能化管理法律法规体系建设正是贯彻落实习近平法治思想的具体体现，应坚持以习近平法治思想为指导。

二、坚持建设工程智能化管理有法可依

根据我国十四五规划，包括立法规划及《中华人民共和国科学技术进步法》关于"国家坚持科学发展观，实施科教兴国战略，实行自主创新、重点跨越、支撑发展、引领未来的科学技术工作指导方针，构建国家创新体系，建设创新型国家"的规定和《中共中央国务院关于进一步加强城市规划建设管理工作的若干意见》中"推进城市智慧管理。加强城市管理和服务体系智能化建设，促进大数据、物联网、云计算等现代信息技术与城市管理服务融合，提升城市治理和服务水平。加强市政设施运行管理、交通管理、环境管理、应急管理等城市管理数字化平台建设和功能整合，建设综合性城市管理数据库。推进城市宽带信息基础设施建设，强化网络安全保障。积极发展民生服务智慧应用。到2020年，建成一批特色鲜明的智慧城市。通过智慧城市建设和其他一系列城市规划建设管理措施，不断提高城市运行效率"。

三、坚持建设工程智能化管理法律制度创新

法律制度创新，是按照科学发展与时俱进的要求，用马克思主义的科学态度，不断总结新的实践经验，修改或制定新的法律法规。法律制度创新的内容包括：一是立法观念上的创新和立法内容上的创新；二是立法实体上的创新和立法程序上的创新；三是立法机制上的创新和立法技术上的创新。建设工程智能化管理的法律制度创新，应按照科学发展和与时俱进的要求，符合新时代网络化、科技化、智能化的特点，并应符合国务院及住房和城乡建设部对建设工程进行创新和发展的意见、标准、办法等。

第二节　法律法规体系建设的主要依据

一、以我国《中华人民共和国宪法》^①为根本宗旨

《宪法》是我国的根本大法，是治国安邦的总章程。《宪法》集中反映和规范各种政治力量的关系，是规范国家的根本任务和根本制度，即社会制度、国

---

① 以下简称《宪法》。

家制度的原则和国家政权的组织以及公民的基本权利义务。因此，《建设工程智能化管理》法律体系建设必须坚持以《宪法》作为根本宗旨。

二、以国家相关法律为基本根据

坚持以《宪法》为法规体系建设的根本宗旨，以国家立法法和相关法律作为建设行业立法和制度建设的根据。基本法律，即全国人大制定和修改的刑事、民事、行政等规范性法律。基本法以外的法律，即由全国人大常委会制定和修改的规范性文件。在我国建设领域法律制度和体系创建中，要遵循全国人大和全国人大常委会所制定的基本法律，不得与之相抵触。

三、以部颁规章为主要参照内容

在我国，部门规章是指国务院所属的各部、委员会根据法律和行政法规制定的规范性文件。部门规章的主要形式是命令、指示、规定等。《宪法》第90条规定："各部、各委员会根据法律和国务院的行政法规、决定、命令，在本部门的权限内，发布命令、指示和规章。"基于部门规章的种类繁多、数量较大，涵盖了社会各个领域的内容，因此，《建设工程智能化管理》法律制度建设应以部门规章作为主要参照内容。

四、以行业规范和规则作为必要补充

在我国，各行业均有行业的规定和规则。行业规则不是法律和行政规章，是为执行法律、法规和规章，对社会实施管理，依法定权限和法定程序发布的规范各行业行为的具有普遍约束力的规则。因此，建设行业法律制度建设应以行业规定和规则作为必要补充。

第三节　法律法规体系建设基本原则

一、坚持制度创新原则

所谓制度创新，是指能够使创新者获得追加或额外利益的、对现存制度包括政治经济制度，如金融组织、银行制度、公司制度，工会制度、税收制度、教育制度等的变革。制度创新的因素主要包括市场规模的变化，生产技术的发展，以及由此引起的一定社会变化。

二、坚持问题导向原则

坚持问题导向，既是党和政府推动改革的一条重要经验和重要原则，也是我们一贯的思想方法。习近平总书记强调，改革"要有强烈的问题意识，以重大问题为导向，抓住关键问题进一步研究思考，着力推动解决我国发展面临的一系列突出矛盾和问题。我们中国共产党人干革命、搞建设、抓改革，从来都是为了解决中国的现实问题"。

坚持问题导向，不仅是工作方法、精神境界，更是重要原则和政治品质。坚持问题导向，才能实事求是及时发现问题，认真解决问题，从而不断适应新形势，推进新发展。

三、坚持中国特色原则

中国特色社会主义，又称"具有中国特色社会主义"。包括中国特色社会主义道路、理论、制度、文化。中国特色社会主义发展道路，是指由中国共产党领导中国人民实行经济建设改革开放革命实践开辟的一条中国式现代化道路；中国特色社会主义理论体系，是指中国共产党把马克思主义与中国实际相结合实现马克思主义中国化的最新理论成果。中国特色社会主义是科学社会主义的基本原则与中国实际相结合的产物，具有鲜明的时代特征和中国特色。

中国特色社会主义道路，是在中国共产党领导下，立足基本国情，以经济建设为中心，坚持四项基本原则，坚持改革开放，解放和发展社会生产力，建设中国特色社会主义市场经济、社会主义民主政治、社会主义先进文化、社会主义和谐社会、社会主义生态文明，促进人的全面发展，逐步实现全体人民共同富裕，建设富强民主文明和谐美丽的社会主义现代化强国。因此，建设行业法规体系建设，必须坚持以马克思主义为指导，坚持四项基本原则，坚持中国社会主义特色。

第四节 基本法律法规体系建设

一、建设工程智能化规划立法

信息时代，在"互联网""大数据"等国家重大战略的实施带动下，智慧城市作为新型城镇化和信息化的最佳结合，将会有力推动我国城镇建设中的智能化工程的应用扩大，提高建筑智能化工程应用率，并不断加快建筑智能化的提高和发展。随着我国智能建筑占新建建筑的比例不断上升，加上已有建筑智能化改造，我国建筑智能化工程市场规模将会持续提升。因此，加快我国建设工程智能化规划立法和法律制度建设，势在必行。

二、建设工程智能化设计立法

建设工程智能化设计标准立法包括：（1）智能化建筑的智能化系统工程设计。立法，主要包括智能化集成系统、信息设施系统、信息化应用系统、建筑设备管理系统、公共安全系统、机房工程和建筑环境等设计立法。（2）智能化系统工程设计立法。主要包括根据建筑物的规模和功能需求等实际情况，选择配置相关系统，对建设工程智能化设计立法等。借此填补在建设工程智能化设计法律规范方面的空白。

三、建设工程智能化数据库立法

随着现代化、网络化、信息化的进程，建设工程智能化数据库建设显得十分重要。建设工程智能化数据库建设的重要性在于，一是使管理工作得到进一步改善，从而实现信息化，冲破以往的人工局限，使建设工程智能化数据库资源能够得到合理的配置，同时得到科学管理，提供优质服务。二是智能化服务于科学的研究以及知识的普及。实现建设工程智能化数据库建设，可实现一次投入，多次产出的效果，使建设工程智能化数据库建设信息利用的时效性得到提高，充分发挥信息化建设的最大效益。

建设工程智能化数据库建设具有重要的现实意义。建设工程智能化数据库建设实现网络化、信息化，能显著提升管理水平和经济效益，同时极大地节省管理成本。一是建设工程智能化数据库建设能节省人力和物力，彻底改变用手工收集、管理，再提供给单位利用，工作量大、效率低的状况。建设工程智能化数据库建设实现了实时化、自动化以及网络化，不但实现了建设工程数据库管理内部的数据共享，而且还使工作效率得到极大提高。二是更便于检索查询。智能化数据库建成以后，使查询变得更简单，能快速在数据库中检索出所需的数据信息，减轻工作人员的工作量。三是提高工作效率，智能化数据库建设实现信息化以后，不但提高了管理人员的工作质量，也使职能部门的工作效率得到提高。

四、建设工程智能化管理体系建设

我国目前的智能化建筑工程管理措施整体水平参差不齐，因此建筑工程施工企业需要针对实际情况，结合项目管理特点量身定制，并不断创新智能化管理系统，为建筑业创造信息化、智能化发展条件。

在我国，建筑工程虽然有一定历史，但是实现对建筑工程的智能化管理却起步较晚，管理水平较其他发达国家还有很大差距，主要是我国的管理方法和观念受传统管理观念束缚较大，不能充分发挥管理的积极作用，导致管理效果较差。因此，我国的建筑工程管理需要注入新的管理方法，加强将大数据用于工程建设。

建筑业受传统体制的影响，一般采取在施工过程中再考虑成本的控制和质量安全的监测，而智能化管理从工程施工设计以及对成本、质量和安全的预测能力，提高效能，减少风险。因此，在建筑行业竞争日益加剧的背景下，实行智能化的工程管理显得尤为重要。我国建筑企业应大力推广智能化管理方法，不断改进企业的管理制度，不断完善建设工程智能化管理体系建设。

五、建设工程智能化诚信体系建设

建设行业诚信体系建设，是我国社会主义市场经济不断走向成熟的重要标志之一。而诚信体系是以相对完善的法律、法规体系为基础，以建立和完善信用信息共享机制为核心，以信用服务市场的培育和形成为动力，以信用服务行业主体竞争力的不断提高为支撑，以政府强有力的监管体系作保障的国家社会治理机制之一。

诚信体系的功能和作用在于，记录市场主体信用状况，揭示市场主体信用优劣，警示市场主体信用风险，并整合全社会力量褒扬诚信，惩戒失信。可以充分调动市场自身的力量净化环境，降低发展成本，降低发展风险，弘扬诚信文化。

六、建设工程智能化安全防控体系

安全，是建设行业的生命。为了保证智能化工程建设能够顺利进行，必须在施工中对安全防控做好监管工作，大力推广使用智能化建设工程全方位智能化防控系统，从而提升监督管理工作的效率。从智能化监控系统到智能化信息管理系统，再到智能化消防安全自动报警系统，这一系统的管理和实施，必须有法律体系的建立，才能为智能化建设工程保驾护航。

七、建设工程智能化管理标准体系

建设工程的智能化要充分利用物联网、云平台、大数据等新兴信息化技术进行标准建设。建设工程智能化的发展，要符合智能化管理标准，亟需制定相关国家标准，进行系统性的指导、评价和规范，从而使建设工程智能化管理实现现代化、信息化、标准化。

八、建设工程智能化质量管理法律体系

为了加强对建设工程智能化质量的管理，保证建设工程智能化质量，保护人民生命和财产安全，从建设工程的新建、扩建、改建及实施对建设工程智能化质量监督管理，国家鼓励采用先进的科学技术和管理方法，提高建设工程智能化质量，在此基础上，形成建设工程智能化质量管理法律体系，以保障建设工程的质量和安全。

九、建设工程智能化管理专项立法

随着科技的不断进步，我国建筑智能化建设水平在不断提升，为人们带来了更为舒适便捷的生活。在建筑智能化实施过程中，要保障智能系统的安全性与稳定性，务必重视建筑智能化施工的质量。在建筑智能工程建设中，质量是整体工程的关键。随着我国城市化建设中智能化系统的应用范围不断普及，在智能化的建设过程中，只有重视建设过程的质量控制，才能有效保障智能工程的稳定发展。由于受到技术和理念等因素的限制，我国建筑智能化施工整体水平还有待提高，亟需加强、加快建设工程智能化管理专项立法，以规范建设工程智能化管理。

十、建设工程智能化管理促进法

随着智能化建筑工程的增多，人们对智能化建筑工程管理也越来越重视。为了满足人们的要求，智能化建筑工程要在管理上下功夫，在管理方式上不断创新，从而拓展管理渠道，通过运用智能化技术促进智能化建筑工程管理。

目前在建筑业仍存在建设工程智能化水平较低、规范缺乏、手段落后、质量管理不达标、安全管理不到位、成本管理较高等实际问题。因此，需要通过智能化管理，加大智能化技术的应用，从而开启崭新的管理方法应用时代，加快建设工程智能化管理促进法的完善。

第五节　关于法律责任

一、承担法律责任的主体

依据《建筑工程五方责任主体项目负责人质量终身责任追究暂行办法》规定：建筑工程五方责任主体是指承担建筑工程项目建设的建设单位项目负责人、勘察单位项目负责人、设计单位项目负责人、施工单位项目经理、监理单位总监理工程师。具体责任如下：

（1）建设单位项目负责人对工程质量承担全面责任，不得违法发包、肢解发包，不得以任何理由要求勘察、设计、施工、监理单位违反法律法规和工程建设标准，降低工程质量，其违法违规或不当行为造成工程质量事故或质量问题应当承担责任。

（2）勘察、设计单位项目负责人应当保证勘察设计文件符合法律法规和工程建设强制性标准的要求，对因勘察、设计导致的工程质量事故或质量问题承担责任。

（3）施工单位项目经理应按照经审查合格的施工图设计文件和施工技术标准进行施工，对因施工导致的工程质量事故或质量问题承担责任。

（4）监理单位总监理工程师应当按照法律法规、有关技术标准、设计文件和工程承包合同进行监理，对施工质量承担监理责任。

二、承担法律责任的依据

我国建筑工程领域，承担法律责任的主要依据如下：

（1）《中华人民共和国建筑法》；

（2）《中华人民共和国科学技术进步法》；

（3）《中华人民共和国行政诉讼法》；

（4）《中华人民共和国民法典》；

（5）《中华人民共和国刑法》；

（6）《建设领域农民工工资支付管理暂行办法》；

（7）《公路水运工程安全生产监督管理办法》；

（8）《对外援助成套项目安全生产管理办法（试行）》；

（9）《铁路建设工程质量管理规定》；

（10）《公路建设市场管理办法》；

（11）《房屋建筑和市政基础设施工程施工分包管理办法》；

（12）《建设工程安全生产管理条例》；

（13）《建筑工程质量管理条例》；

（14）《招标投标法》；

（15）《经营性公路建设项目投资人招标投标管理规定》；

（16）《水利工程建设监理规定》；

（17）《建设工程项目管理试行办法》；

（18）《水运工程机电设备招标投标管理办法》；

（19）《非煤矿矿山建设项目安全设施设计审查与竣工验收办法》；

（20）《安全生产事故隐患排查治理暂行规定》；

（21）《最高人民法院关于审理人身损害赔偿案件适用法律若干问题的解释》；

（22）《通信工程质量监督管理规定》；

（23）《工程监理企业资质管理规定》；

（24）《实施工程建设强制性标准监督规定》；

（25）《建设部关于在房地产开发项目中推行工程建设合同担保的若干规定》等。

三、关于法律责任分类

在建设工程智能化研究、开发、推广、运用中，要加强法律意识，提高防风险能力，力戒违章作业，严惩违法行为。若违反法律或禁止性、强制性规定，应依法承担法律责任。

（一）刑事责任

刑事责任是指行为人因其犯罪行为必须承受的法律责任。刑事责任的特点：

（1）刑事责任的原因在于行为人的行为具有严重的社会危害性即构成犯罪，依法追究行为人的刑事责任。

（2）与作为刑事责任前提的行为的严重社会危害性相适应，刑事责任是犯罪人向国家所负的一种法律责任。

（3）刑事法律是追究刑事责任的法律依据，罪刑法定。

（4）刑事责任是一种惩罚性责任，是法律责任中最严厉的一种。

（5）刑事责任基本上是一种个人责任。同时，刑事责任也包括集体责任，比如"单位犯罪"。

（二）民事责任

民事责任是指由于违反民事法律、违约或者由于民法规定所应承担的法律责任。民事责任的特点：

（1）民事责任主要是一种救济责任，同时具有惩罚的内容。

（2）民事责任主要是财产责任，也包括其他责任方式。

（3）民事责任主要是一方当事人对另一方当事人的责任，在合法的条件下，多数民事责任可以由当事人协商解决。

（三）行政责任

行政责任是指因违反行政法或因行政法规定而应承担的法律责任。行政责任的特点：

（1）承担行政责任的主体是行政主体和行政相对人。行政主体是拥有行政管理职权的行政机关及其公职人员，行政相对人是负有遵守行政法义务的普通公民或法人。

（2）产生行政责任的原因是行为人的行政违法行为和法律规定的特定情况。

（3）行政责任的承担方式，包括行为责任、精神责任、财产责任和人身责任。

第六节 法律监督

一、法律监督的特点

法律监督有广、狭两种理解。狭义的法律监督是指有关国家机关依照法定职权和程序，对立法、执法和司法活动的合法性进行的监察和督促。广义的法律监督是指由所有的国家机关、社会组织和公民对各种法律活动的合法性所进行的监察和督促。

法律监督的特点：

1.法律监督的专门性

一是法律监督权作为国家权力的一部分，由人民检察院专门行使，法律监督是检察机关的专门职责。检察机关如果放弃对严重违反法律的行为进行监督，就是失职。因而它不同于其他一切社会活动主体都能进行的一般性监督。二是法律监督的手段是专门的。按照宪法和法律的规定，检察机关进行法律监督的手段是由法律特别规定的。

2.法律监督的独立性

人民检察院法律监督的专门性要求检察机关法律监督具有独立性。我国《宪法》明确规定：检察机关作为国家法律监督机关，不受个人、社会团体的干涉。其在宪法上的独立地位保证了其在权力行使的独立性方面相比其他国家的检察机关具有明显的优势。

3.法律监督的制衡性

法律监督不需要借助其他外界的力量就可以直接进行监督，法律监督的制衡性还可以从法律监督的外部性、平权性、公权性几个方面进行理解。

4.法律监督的程序性

法律对检察机关的法律监督规定了一定的程序规则，这些程序规则可能因监督的对象不同而有所不同。

5.监督范围的特定性

只有当法律规定的属于法律监督的情形出现以后，检察机关才能启动法律监督程序，实施监督行为。并且，司法活动、行政活动、国家工作人员的职务活动中可能出现的各种违法行为，在程度上是不同的，只有在违法行为达到一定程度之后，检察机关才能启动法律监督程序实施监督。

二、法律监督体制机制建设

1.甲方自律

指甲方代表管的是国家财产或集体利益。因此，甲方要练好防微杜渐，廉洁自律，抵御各种"糖衣炮弹"攻击的硬功夫，练就一身正气，坚持原则，客观公正履行好自己的光荣职责。

2.乙方自管

指乙方组织自有员工组建项目管理团队，设定目标，制定完善的项目管理计划，负责从项目立项开始一直到项目验收交付使用的全过程管理，在整个过程中还要保证建设项目自管团队与企业内部流程的有效融合，随着市场化和专业化程度的不断提高，自管模式正在逐步自我完善和进化，使得自管模式能够真正为企业创造价值。

3.第三方监管

第三方监管使用统一标准、统一尺度，推行实测实量评估服务，使工程品质用量化数据来表示，因此第三方监管的作用十分重大。

三、法律监督的基本原则

在我国，根据《宪法》和法律规定，法律监督应坚持以下六项基本原则：

（1）坚持"有法可依、有法必依、执法必严、违法必究"的原则。

（2）坚持以事实为依据，以法律为准绳的原则。

（3）坚持预防为主的原则。

（4）坚持行为监察与技术监察相结合的原则。

（5）坚持监察与服务相结合的原则。

（6）坚持教育与惩罚相结合的原则。

第七章 专家建议

建设工程智能化管理，是利用大数据、云计算、互联网等新一代信息技术促进我国城市建设管理和服务智慧化的新模式，对提升我国建设工程数字化、科学化、智慧化具有十分重要的意义。

近年来，我国各地建筑工程智能化管理方面取得了积极进展，但也存在缺乏顶层设计和统筹规划、体制机制创新滞后、法律法规缺失、安全隐患多发和发展不平衡等问题。

为解决上述问题，本书专家在对我国建设工程智能化管理现状进行调研、分析、评估和论证后，提出如下意见和建议，供有关部门和单位参考。

第一节 全国建设工程智能化数据库建设

在信息社会，大数据、云计算、互联网等现代先进科技已经进入或正在进入资源共享、平台共用的时代。信息封锁、技术垄断、独家占有的时代已成为历史。因此，全国建设工程智能化管理的共建、共享、共管，已经成为其健康发展的趋势。

为促进我国建设工程领域智能化管理的科学化、信息化、数据化，建立全国性建设工程智能化管理数据库势在必行。专家建议，在住房和城乡建设部《建设工程智能化管理》研究成果的基础上，组织部分专家，进行升级研究，并适时建立国家级建设工程智能化管理数据库，为我国建设事业提供大数据服务及相关数据产品。

国家级建设工程智能化管理数据库的主要内容和入库范围如下：

第一部分：数据检索系统。涵盖建设工程智能化管理从项目规划、立项、设计到施工总承包、人员管理、安全管理、质量管理、技术管理、监督检测、定制服务等内容。

第二部分：核心数据应用。主要包括但不限于规划和建设全流程的智能化技术，包括规划、立项、论证、评估、设计、施工、监测、检验、售后服务等智能化管理系统，实现一键通，一指明。

第三部分：安全和质量管理。重点是施工安全责任制，质量管理细分制，安全管理一票否决制等。其核心是建设工程智能化安全管理的体制、机制及其岗位责任和法律责任。

第二节　建设工程智能化技术联盟建设

一、重要意义

为促进和提高我国建设领域智能化科技水平，解决目前在该领域存在的技术研究比较分散，技术应用各自为战，科研经费苦乐不均，智能化研发后劲不足，智能化管理缺乏统一标准或标准不一等问题，有必要组建全国性建设工程智能化管理技术联盟，集中优势兵力，集中攻克难关，占领技术高地并实行统一的技术标准。

二、组织形式

在住房和城乡建设部科技与产业化发展中心指导下，由继善（广东）科技有限公司、住房和城乡建设部标准定额研究所、中国工程建设标准化协会、江苏省住房和城乡建设厅、黑龙江省住房和城乡建设厅、广东省房地产业协会等单位作为"全国建设工程智能化管理技术联盟"发起和组建单位，发起并成立"中国建筑工程智能化技术联盟"。

三、主要职能

全国建设行业智能化管理技术联盟的主要职能是，组织、协调全国建设行业智能化技术研发工作，包括制定研发计划、进行技术协调、资金协调、人员协调及技术标准、监督管理研究和推广应用，并组织专家制定本行业工作规则等。

为有效推动技术联盟的工作常态化，专家建议由发起单位共同制定组织章程和工作规则。建议在民政部门依法登记，实行技术性社团管理，日常费用从成员会费中提取或企业资助。

第三节　建设工程智能化研究机构建设

为使我国建设行业智能化管理科学化、规范化、专业化，有必要成立一家专业性、权威性科学研究院或研究所。

建议由有志于我国建设行业智能化管理的企业或科研单位、院校或科研院校与企业联合成立。其主要任务是，专司进行建设工程智能化技术体系研发。包括该技术体系的基础理论研究、技术状态分析、国内外技术比较研究、新一代技术的开发、升级、换代研究等。

建议在住房和城乡建设部科技与产业化发展中心专家指导下，继善（广东）科技有限公司为主，联合清华大学等有关科研单位，共同合作组建，实行企业化管理。

第四节　建设工程智能化管理技术的推广应用

技术的发展在创新，研究的生命在应用。

为有效推广应用住房和城乡建设部科技与产业化发展中心2019年度重点研究《建设工程智能化管理》之科研成果，促进其核心技术市场化、国际化、货币化，专家提出如下意见和建议，供参考：

组织专门团队，负责国内外技术市场的开发和推广工作。

住房和城乡建设部科技与产业发展中心组织指导本书主编、参编单位优先使用、推广本技术体系。

在全国住房和城乡建设系统选择试点单位，取得经验，不断改进，全面推广。

有关单位应主动协调有关科研单位合作，共同投资，共同研发，共享成果，扩大推广范围。

继善（广东）科技有限公司应发挥本书主编单位作用，组织技术团队，不断改进和完善现有技术。邀请有关专家，起草制定本公司中长期技术研发计划

（2019—2029年）。

不断开发新技术、研发新产品、提供新服务，并做好技术售后维护服务工作和技术升级，以良好的信誉，高端的技术，优质的服务，促进技术走向市场化、国际化、从而实现货币化。

结论：信誉是品牌，技术是关键，创新是生命。

第五节　建设工程智能化管理技术研发优惠政策

在我国，政策是建设工程智能化技术体系成长和发展的生命，技术是建设工程智能化实现数字经济和货币化的核心。

为此，专家提出如下政策意见和建议：

第一，各地应将建设工程智能化体系研究纳入城乡建设的整体规划范围。力求城乡建设规划与智能化技术同步论证、同步规划、同步审批。

第二，建设工程智能化体系与城乡各项建设一体化论证，一体化设计、一体化施工、一体化验收。

第三，各地在土地供应中，应统筹将建设工程智能化管理研发单位用地纳入供地方案，作优先调整，享受优惠政策。

第四，各地在作财政金融年度资金使用计划时，应统筹建设工程智能化技术项目的资金安排。

第五，对符合建设工程智能化体系条件的研发单位或企业，按规定享受增值税减免政策。

第六，将建设工程智能化体系研发列入城乡建设基础设施配套系统，并享受有关优惠政策，加快我国建设工程智能化管理技术在全国推广和应用，从而提高我国建设行业创新发展和建筑产品的更新换代，不断满足人们对美好居住和工作环境的愿景。